白云鄂博稀土共伴生矿催化材料制备及其催化应用

龚志军　武文斐　李保卫　著

北　京

冶　金　工　业　出　版　社

2019

内 容 提 要

本书主要介绍采用白云鄂博稀土精矿制备催化剂进行 SCR 脱硝的方法、白云鄂博稀土尾矿制备催化剂进行催化燃烧与催化脱硝的方法，以及采用白云鄂博稀土尾矿制备多孔结构催化剂的方法。书中使用环境友好型的物理和化学方法，通过强化白云鄂博稀土共伴生矿中多元素间的协同联合催化作用并遗传到催化剂中，制备高效绿色高附加值的矿物材料催化剂，并将其应用于催化燃烧、催化脱硝等能源与环境领域中。

本书适合催化应用、矿物材料、能源与环境等领域的科技人员及高等院校相关专业师生阅读参考。

图书在版编目（CIP）数据

白云鄂博稀土共伴生矿催化材料制备及其催化应用／龚志军，武文斐，李保卫著．—北京：冶金工业出版社，2019.12
ISBN 978-7-5024-8328-9

Ⅰ.①白… Ⅱ.①龚… ②武… ③李… Ⅲ.①白云鄂博矿区—稀土金属—共生矿物—催化剂—研究 ②白云鄂博矿区—稀土金属—伴生矿物—催化剂—研究 Ⅳ.①P618.706.226.3

中国版本图书馆 CIP 数据核字（2019）第 265533 号

出 版 人 陈玉千
地 址 北京市东城区嵩祝院北巷 39 号 邮编 100009 电话 (010)64027926
网 址 www.cnmip.com.cn 电子信箱 yjcbs@cnmip.com.cn
责任编辑 杨盈园 美术编辑 郑小利 版式设计 禹 蕊
责任校对 王永欣 责任印制 李玉山
ISBN 978-7-5024-8328-9
冶金工业出版社出版发行；各地新华书店经销；三河市双峰印刷装订有限公司印刷
2019 年 12 月第 1 版，2019 年 12 月第 1 次印刷
169mm×239mm；9 印张；175 千字；134 页
56.00 元

冶金工业出版社 投稿电话 (010)64027932 投稿信箱 tougao@cnmip.com.cn
冶金工业出版社营销中心 电话 (010)64044283 传真 (010)64027893
冶金工业出版社天猫旗舰店 yjgycbs.tmall.com
（本书如有印装质量问题，本社营销中心负责退换）

前　言

催化材料是环保、石油、化工等众多领域关注的焦点。传统催化剂制备所用的原材料多为纯物质，手段多采用化学法。近年来，催化领域的专家学者在传统催化材料的基础上，逐渐认识到某些矿物在经过适当处理之后可作为催化剂活性组分或催化剂载体使用，且极具经济优势和资源优势。"矿物催化材料"一词也随之产生。矿物催化材料是以活性矿物为主要或重要组分的材料，其以特殊的结构和优异的性能被广泛应用于催化领域。本书提及的高熵矿物催化材料是从催化视角聚焦稀土矿物元素类型丰富、赋存状态多样、矿相结构繁杂、整体高度混乱的特点及多活性组分的联合协同作用，体现了矿物催化材料的高熵性。

白云鄂博稀土矿是经过数十亿年的特殊地质活动形成的，含有氟碳铈矿、独居石、铈磷灰石、褐帘石、含铈赤铁矿、含铁铈碳酸盐矿、含铁铈碳酸盐矿和少量含铁铈的萤石矿、含铁的铁锰矿等高熵矿物，其在受热分解生成氧化物矿物的过程中共生的天然活性组分会遗传到氧化物中，使制得的矿物催化材料具有高熵性，故称为高熵矿物催化材料。本书采用环境友好型的物理和化学方法，通过强化白云鄂博稀土共伴生矿中多元素间的协同联合催化作用并遗传到催化剂中，制备高效绿色高附加值的矿物材料催化剂，并将其应用于催化燃烧、催化脱硝等能源与环境领域中。

本书第1章介绍了白云鄂博稀土共生矿的特点，对白云鄂博稀土共生矿制备催化材料的可行性进行了分析，并提出了制备的催化材料的高熵特性。第2~4章介绍了采用白云鄂博稀土精矿制备矿物催化剂进行SCR脱硝的方法，并对稀土精矿改性处理以及制备条件、实验工况对稀土精矿催化剂的脱硝性能进行分析。第 5～6 章介绍了采用白云鄂博稀土尾矿制备矿物催化剂进行半焦催化燃烧的方法，并对稀土尾矿对半焦燃烧动力学的影响以及 NO_x 生成特性的影响进行分析。第 7～9 章介绍了采用白云鄂博稀土尾矿制备矿物催化剂进行催化脱硝的方法，并对稀土尾矿催化半焦还原 NO、CO 还原 NO、活性炭还原 NO 进行分析。第 10 章介绍了采用白云鄂博稀土尾矿制备多孔结构催化剂的方法，提供了矿物催化材料走向实际应用的可能性。

本书由龚志军主要编写，武文斐、李保卫对全书进行修改、定稿，张舒宁、赵蕾、杜少杰等硕士研究生进行了校稿工作。

由于作者水平有限，不妥之处在所难免，敬请广大读者斧正。

作　者

2019 年 8 月

目 录

1 绪　　论

1.1　概况

白云鄂博稀土共生矿位于内蒙古自治区境内。该矿床发现于 1927 年，1935 年在铁矿石标本中找到了稀土矿物。经过 20 世纪 50 年代的地质勘探和 60 年代的地质研究，发现该矿床中的稀土储量居世界之首，属富含稀土元素的超大型轻稀土铁矿床。

矿体中有白云岩夹层，在底板白云岩中有平行小矿。铁矿石矿物成分复杂，由 73 种元素构成 160 种矿物，有综合利用价值的矿产达 26 种。主要矿物为磁铁矿、赤铁矿、假象赤铁矿。稀土和铌矿物有铌铁矿、黄绿石、易解石、钛易解石、铌易解石、铌钙矿、钛铁金红石、包头矿、黄河石、独居石、氟碳铈矿、磷硅钙铈矿、褐帘石、硅钛铈钇矿、镧石、磷镧铈矿及少量金矿、黄铁矿、磁黄铁矿、方铅矿、闪锌矿、黄铜矿、辉钼矿、硬锰矿等；脉石矿物有萤石、霓石、钠闪石、黑云母、金云母、重晶石；围岩有强烈的碱交代现象，如霓石化、钠闪石化和钠长石化等。白云鄂博铁矿分主矿、东矿和西矿。主矿、东矿，平均含铁33.85% ~ 35.97%、平均含铌 0.126% ~ 0.141%、稀土氧化物 5.71% ~ 6.19%，在上下盘的白云岩中含铌 0.051% ~ 0.153%，稀土氧化物 0.8% ~ 8.18%；西矿平均含铁 33.57%、铌 0.064% ~ 0.08%、稀土氧化物 0.948% ~ 1.072%。矿石可分为萤石型、稀土型、白云岩型及钠辉石-钠闪石型。呈致密块状、条带状、层纹状、斑纹状及浸染状构造。围岩有钠、钾、稀土、氟和钡的蚀变交代。全区累计探明铁矿储量 14.59 亿吨，稀土氧化物储量 4300 万吨，储量基础近 1 亿吨。白云鄂博铁矿矿床成因有多种看法，曾划为特种高温热液矿床、沉积变质矿床、沉积再造矿床以及碳酸盐岩矿床。

白云鄂博矿区自 1957 年开始建设，1959 年矿山为高炉直接提供富铁块矿炼铁。处理白云鄂博矿的包钢选矿厂 1965 年开始陆续投入生产，当时的主要任务是从矿石中回收铁精矿，以满足包头钢铁公司生产钢铁之需。同时，采用摇床处理选铁流程中的稀土泡沫，试生产含 REO 30% 的低品位稀土精矿。1970 年开始重选车间的设计，1974 年重选车间正式投产；1978 年开始设计一个处理重选精矿的浮选车间，1981 年投入生产。目前，包钢选矿厂可同时生产含 REO 30% 和含 REO 60% 的两种稀土精矿，但回收率较低。1981 年，包头钢铁公司决定采用从原矿开始用浮选法直接回收稀土精矿的浮选—选择性团聚选矿新工艺改造包钢选矿厂第二生产系列，以提高稀土的回收率。经过 1984 年和 1986 年两次工业试验证明，在获得含 REO 30% 和含 REO 60% 的两种稀土精矿的条件下，稀土对原矿的总回收率可提高到 45% 以上。

1.2　矿石性质

白云鄂博稀土共生矿是世界上罕见的富含稀土、铁、铌、萤石的大型多金属矿。矿体中的铁是前寒武纪海相沉积的，在海西时期与黑云母花岗岩有关的大量的钠、氟、稀土、铌的热液重叠其上，使原始沉积的铁矿遭受热液交代蚀变作用，形成沉积—热液交代的综合性矿床。

参与白云鄂博矿的成矿元素约有 71 种，矿区已发现的矿物约 125 种，其中稀土矿物约 15 种（表 1.1）。矿石中约 90% 的稀土元素呈独立矿物形态存在，并以氟碳铈矿和独居石为主。根据矿体所处的地段不同，氟碳铈矿与独居石的比例在 3∶1 至 1∶1 范围波动。因此，白云鄂博稀土共生矿实际上是氟碳铈矿和独居石混合矿。

表 1.1　白云鄂博稀土共生矿中的稀土矿物

类　别	矿物名称	成　分
稀土钛铌酸盐	铈褐钇铌矿	$(Ce, La, Nb, RE, Th)(Nb, Fe)O_4$
	单斜铈褐钇铌矿	$(Ce, RE)(Nb, Al)(O, OH)_4$
	钕褐钇铌矿	$(Nb, Ce, RE, Fe)(Nb, Ti)(O, OH)_4$
	单斜钕褐钇铌矿	$(Nb, Ce)NbO_4$
	铈铌易解石	$(Ce, Nb, La)(Nb, Ti, Fe^{3+})_2(O, OH)_6$
	钕铌易解石	$(Nb, Ce, Ca)(Nb, Ti, Al, Fe^{3+})(O, OH)_6$
	钕易解石	$(Nb, Ce, Ca, Th)(Ti, Nb, Fe^{3+})_2(O, OH)_6$
稀土氟碳酸盐	钕氟碳钙铈矿	$(Nb, Ce)_2Ca(CO_3)_3F_2$
	黄河矿	$Be(Ce, La, Nb)(CO_3)_3F$
	氟碳铈钡矿	$BaCe_2(CO_3)_5F_2$
	钕氟碳铈钡矿	$Ba_3(Nb, Ce)_2(CO_3)_5F_2$
	中华铈矿	$Ba_2(Ce, La, Nb)(CO_3)_3F$
钛硅酸盐	钡铁钛石	$Ba(Fe, Mn)_2Ti(O, OH, Cl)_2(SiO_7)$
	包头矿	$Ba_4(Ti, Nb, Fe)_8O_{16}(Si_4O_{12})Cl$
磷酸碳酸盐	大青山矿	$SrRE(PO_4)(CO_3)_2$

　　白云鄂博稀土共生矿中一种典型矿样的主要化学成分和矿物成分分别列于表1.2和表1.3。

表 1.2　白云鄂博稀土共生矿中一种典型矿样的主要化学成分

成　分	TFe	SFe	FeO	TR_2O_3	F	Mn	P	TiO_2	BaO
含量(质量分数)/%	32.0	31.04	2.69	6.17	9.02	1.48	0.81	0.58	1.58
成　分	SiO_2	MgO	S	Al_2O_3	CaO	K_2O	Na_2O	Nb_2O_5	Th
含量(质量分数)/%	10.22	2.57	0.87	2.68	16.21	0.57	0.52	0.12	0.0304

表 1.3　白云鄂博稀土共生矿中一种典型矿样的主要矿物成分

矿物种类	铁 矿 物 类						
矿物名称	磁铁矿	半假象赤铁矿	假象赤铁矿	原生赤铁矿	褐铁矿	其他铁矿物	合计
含量(质量分数)/%	6.27	8.49	16.60	7.07	5.45	0.54	44.51
占有率/%	14.09	19.07	37.29	15.88	12.45	1.25	100.00
矿物种类	萤石、稀土、碳酸盐、硫酸盐矿物类						
矿物名称	萤石	氟碳铈矿	独居石	重晶石	白云石、方解石	其他矿物	合计
含量(质量分数)/%	16.00	9.00	2.00	2.00	3.00	3.49	35.49
占有率/%	45.08	25.36	5.64	5.64	8.45	9.83	100.00

矿物种类	含铁硅酸盐和硅酸盐矿物类			
矿物名称	钠辉石、钠闪石	云母	石英	合计
含量(质量分数)/%	15.00	3.00	2.00	20.00
占有率/%	75.00	15.00	10.00	100.00

　　对白云鄂博稀土共生矿中的稀土矿物的粒度测定（表1.4）表明，矿石中两种主要的稀土矿物——氟碳铈矿、独居石的结晶粒度都比较细，在 −0.04mm 粒级中上述两种稀土矿物量占52.94%。不同磨矿细度与稀土矿物单体解离度的关

系（表1.5）表明，矿石中稀土矿物与铁矿物和萤石共生关系非常紧密；当磨矿细度达到 −325 目❶95%时，稀土矿物的单体解离度才达到90.10%。

表 1.4　白云鄂博稀土共生矿中主要稀土矿物的粒度

矿物名称	氟碳铈矿				独 居 石			
粒级/mm	+0.077	0.077 ~ 0.04	0.04 ~ 0.02	−0.02	+0.077	0.077 ~ 0.04	0.04 ~ 0.02	−0.02
含量(质量分数)/%	21.20	25.86	24.28	28.66	35.10	23.07	13.62	28.21

表 1.5　不同磨矿细度与稀土矿物单体解离度的关系

磨矿细度	单体稀土矿物含量(质量分数)/%	与其他矿物连生的稀土矿物含量(质量分数)/%				总计含量(质量分数)/%
		与萤石	与铁矿物	与霓石、云母、闪石	与其他脉石	
75% −200 目	63.42	12.12	18.97	0.86	4.63	100.00
85% −200 目	69.97	11.61	14.78	0.72	2.92	100.00
95% −200 目	75.95	8.13	12.67	0.40	2.85	100.00
95% −270 目	84.87	5.45	8.89	0.13	0.66	100.00
95% −325 目	90.10	4.03	5.38	0.03	0.46	100.00

1.3　回收稀土矿物的工艺流程

包钢选矿厂至今仍是一个以回收铁精矿为主的选厂。从矿山运至选矿厂的 −200mm 的原矿，经两段破碎至 −25mm 送进磨选车间，经一段棒磨、两段球磨与分级闭路，磨至 −200 目85% ~ 90%，分别采用两种不同的原则流程进行分选。流程Ⅰ：先采用弱磁选获得磁铁矿精矿，随后进行部分萤石浮选，再进行稀土粗选和精选，获得含 REO 15% ~ 17%的稀土泡沫送重选车间处理，稀土粗选尾矿与精选中矿合并送选铁作业；流程Ⅱ：为了降低铁精矿中的氟、磷含量，先采用浮选法浮出部分萤石之后，再进行稀土粗选和精选，获得含 REO 15% ~ 17%的稀土泡沫送重选车间，稀土粗选尾矿与稀土精选中矿合并送去选铁作业。

---

❶　100 目 = 0.154mm。

全厂各系列的稀土泡沫均集中浓缩后送重选车间处理，粗选摇床和扫选摇床的精矿合并送稀土浮选车间处理，扫选摇床的中矿经浓缩后送浮选车间的扫选作业处理。重选稀土精矿经浮选车间选别后，分别获得含 REO 60% 的稀土精矿和含 REO 30% 的稀土次精矿。

浮选—选择性团聚选矿流程是在总结国内外研究工作基础上，针对白云鄂博稀土共生矿的特点新近制定的。原矿磨至 95% – 200 目，用碳酸钠、水玻璃、氧化石蜡皂进行稀土、萤石混合浮选，使其与铁和含铁硅酸盐矿物分离；稀土、萤石混合浮选泡沫经水洗、浓缩脱药，用碳酸钠、水玻璃、氟硅酸钠、C5 ~ 9 羟肟酸铵组合药剂优先浮选稀土矿物，使之与萤石、重晶石、方解石等矿物分离；分离后的稀土粗精矿，再经脱泥、脱药和用碳酸钠、水玻璃、氟硅酸钠、C5 ~ 9 羟肟酸精选，分别获得含 REO 60% 的稀土精矿和含 REO 30% 的稀土次精矿，稀土的总回收率 45% 以上；稀土、萤石混合浮选的尾矿，在氢氧化钠、水玻璃介质中细磨至 –400 目 97%，利用矿石本身含有的细粒磁铁矿选择性团聚赤铁矿的新技术，经四次脱泥使其与含铁硅酸盐矿物分离而获得含铁 61%、含氟 0.45%，铁回收率 80% 以上的选别指标。

1.4　白云鄂博共生矿催化材料制备的可行性分析

白云鄂博矿床矿物种类繁多，已发现 170 多种矿物，含有 73 种元素，白云鄂博矿石首先是作为铁矿石开采的，后来从中回收了稀土。其中铁的氧化物有磁铁矿、赤铁矿、假象赤铁矿、褐铁矿等，是该矿床主要铁矿物，其中 72% 左右的铁存在于赤铁矿中，其他铁存在于磁铁矿、褐铁矿、黄铁矿、黑云母等矿物中。白云鄂博矿中的稀土矿物以独居石、氟碳铈矿为主，95% 以上的稀土分布于氟碳铈矿为主的氟碳酸盐和独居石中，在其他矿物中的分布量很少。

白云鄂博矿是一个多元素多矿物的共生矿，含有丰富的铁、稀土、铌和萤石等资源，为世界罕见，白云鄂博共生矿中有回收价值的主要组分有磁铁矿、赤铁矿、萤石、稀土矿物以及少量的铌矿物。铁矿物主要为磁铁矿 Fe_3O_4 和赤铁矿 Fe_2O_3，其中 72% 左右的铁存在于赤铁矿中，其他铁存在于磁铁矿、褐铁矿、黄铁矿、黑云母等矿物中。稀土矿物主要为氟碳铈矿和独居石。氟碳铈矿是稀土的氟碳酸盐矿物，其化学式可表示为 $ReFCO_3$，其中 ReO 的质量分数为 74.77%，主要含铈族稀土，氟碳铈矿受热易分解，生成稀土氧化物 ReO。

由于选矿技术的原因，近 50 年来白云鄂博只回收了大部分铁和少量稀土，剩下的资源全部作为尾矿堆存在尾矿坝。白云鄂博尾矿坝是一个宝贵资源，是另一个白云鄂博矿，因为白云鄂博矿是一个多元素多矿物的共生矿。截止到 2005 年堆存在尾矿坝的尾矿量已达 1.5 亿吨，尾矿中铁的品位从过去的 21% 降至最近几年的 14% 左右，铁的储量以平均品位 18% 计算达 2700 万吨，转合 35% 品位的铁矿石为 7700 万吨。稀土含量比原矿提高了，以平均品位 7% 计算，稀土的储量超过 1000 万吨 REO 以上，铌的储量约为 25 万吨 Nb_2O_5，萤石的储量约 4000 万吨，白云鄂博拥有如此巨大数量的有用元素和矿物，无疑是一座巨大的宝藏，是一个宝贵的矿产资源。

稀土尾矿中依然含有大量的金属元素，其中过渡金属元素占比 28.55%，稀土金属元素占比 6.49%。从国内外的研究现状来看，这两类的金属元素被大量用于脱硝当中。所以从成分上来看，稀土尾矿作为催化剂还是很有前景的。白云鄂博尾矿中各种矿物常共生在一起，紧密共生、互相穿插、互相包裹，形成难以解离的共生体结构关系。白云鄂博尾矿中的铁-稀土共生体中的氧化铁和稀土氧化物可对半焦脱硝起到协同催化作用，是天然的矿基催化材料，且由于这些物质在稀土尾矿中通过共伴生状态存在，极容易发生协同催化脱硝作用。研究开发白云鄂博稀土尾矿催化还原脱除 NO_x 的性能和机理具有很大的应用前景。

根据稀土矿物的工艺矿物学，可以将白云鄂博矿制备成高熵矿物催化材料。

1.5 白云鄂博稀土共生矿催化材料的高熵特性分析

白云鄂博稀土尾矿作为高熵矿物催化材料，具有四大特征：特征一为"贫"。就铁而言，品位不高，全铁含量为 20% 左右，全稀土氧化物含量 6% 左右。稀土尾矿的化学组成见表 1.6。

表 1.6 稀土尾矿的化学组成 （质量分数/%）

Al_2O_3	SiO_2	MgO	Fe_2O_3	CaO	K_2O	TiO_2	Na_2O	Li_2O
1.55	12.87	4.416	11.32	28.44	0.711	0.67	1.40	0.010
ZnO	MnO_2	PbO	CeO_2	La_2O_3	Nd_2O_3	BaO	ZrO	NbO
0.088	2.30	0.057	2.96	1.46	0.81	4.25	0.59	0.16

白云鄂博稀土尾矿作为高熵矿物催化材料，特征二是元素组成"多"。元素组成多，矿物组成多。到目前为止在已发现的 170 多种矿物中，具有综合利用价值的元素 28 种、铁矿物和含铁矿物 20 多种、稀土矿物 16 种、铌矿物 20 种。铌与稀土的分布十分集中，85% 以上的铌集中分布于铌铁矿、易解石、钛铁金红石、烧绿石、铌钙石及包头矿等 6 种铌矿物中。铁的独立矿物主要有磁铁矿、褐铁矿、菱铁矿等，约占铁总量的 90%，其中绝大部分赋存于磁铁矿和赤铁矿中。85% 以上的稀土分布于氟碳铈矿为主的氟碳酸盐和独居石中，在其他矿物中的分散量很少。有部分稀土以细小稀土矿物机械包裹体分散在其他矿物中，它们约占

12.3%，主要分散于铁矿物、萤石等矿物中。虽然铁矿物和萤石中稀土含量很少，但它们矿物总量大，故从总体来讲，大部分稀土元素分散于铁矿物和萤石中，赋存于铁矿中的稀土元素占8.29%，赋存于萤石矿物中的稀土占2.97%。稀土尾矿的矿物组成见表1.7。

表 1.7　稀土尾矿的矿物组成　　　　　　　　（质量分数/%）

磁铁矿	赤铁矿	萤石	氟碳铈矿	独居石	辉石	方解石	白云石	石英	磷灰石	重晶石
5.72	20.12	25.44	4.10	3.80	9.65	2.13	11.20	9.50	1.95	2.88

　　白云鄂博尾矿作为高熵矿物催化材料，特征三是"杂"。矿物组成变化大，矿石类型复杂。各矿物间嵌布关系复杂，相互交代、互相包裹。白云鄂博矿床中各种矿物在不同的矿石中形成各种各样的结构构造特征，这些矿物常共生在一起，紧密共生，与脉石相互穿插、互相包裹，形成难以解离的结构关系。白云鄂博矿石中铁矿物、稀土矿物、萤石三种矿物间共生关系极为密切，三种矿物连生体的分布率见表1.8。其各矿物的微细颗粒互为包裹，稀土矿物常包裹在铁矿物和萤石内部。铁矿物主要与萤石和稀土矿物呈连生体，稀土矿物主要与铁矿物、萤石呈连生体，萤石主要与铁和稀土矿物呈连生体。

表 1.8　铁、稀土、萤石三种矿物连生体分布率　　　　　（%）

矿物	与萤石连生	与铁矿物连生	与稀土矿物连生	与霓石连生	与其他脉石连生	总计
铁矿物	34.32	—	9.92	17.32	38.44	100
稀土矿物	36.46	53.51	—	2.20	7.83	100
萤石	—	60.19	35.28	1.01	3.52	100

　　白云鄂博尾矿作为高熵矿物催化材料，特征四是"细"。这些矿物粒度微细，其中铁矿物为50～40μm；稀有、稀土矿物更细小，为70～10μm，而43～10μm者大约占82.9%～88.6%；铌矿物仅为50～10μm；与稀土矿物伴生的方解石、磷灰石、白玉石和重晶石等矿物的嵌布粒度与稀土矿物大致相似。不同磨矿粒度下，原矿中稀土矿物单体解离度分别为－0.074mm占75%时为63.42%；95%时为75.95%；－0.045mm占95%时为90.10%。该矿在磨矿过程中单体较易解离的约占65%，单体较难解离的约占25%，相当难解离的约占10%。就单

体解离特性而言，适宜于选铁的磨矿粒度，基本可综合回收稀土矿物，尚未解离的稀土矿物主要与铁矿石及萤石呈连生体。

稀土尾矿高熵矿物催化材料中依然含有大量的金属元素、非金属元素，其中过渡金属元素占比 28.55%，稀土金属元素占比 6.49%，碱土金属元素占比 37.11%。从国内外的研究现状来看，金属元素被大量用于催化材料当中。所以从成分上来看，稀土尾矿作为矿物催化材料还是很有前景的。白云鄂博尾矿中的稀土共生体对高温催化起到联合作用，是天然的矿物催化材料，且由于这些物质在稀土尾矿中通过共伴生状态存在，故极容易发生协同催化作用。

2 稀土精矿催化剂制备、
表征与实验方法

本章主要内容包括稀土精矿催化剂的改性制备、催化剂的表征方法、催化剂的活性测试装置。

2.1 实验试剂及主要仪器设备

2.1.1 实验材料

本书试验中所用的试剂和药品见表 2.1。

表 2.1 实验试剂

序号	名 称	分 子 式	纯 度	生 产 厂 家
1	碳酸氢钠	$NaHCO_3$	分析纯	天津市科密欧化学试剂有限公司
2	草酸	$C_2H_2O_4 \cdot 2H_2O$	分析纯	天津市风船化学试剂有限公司
3	氨气	NH_3	0.997%（余 N_2）	徐州特种气体厂
4	一氧化氮	NO	0.998%（余 N_2）	徐州特种气体厂
5	氮气	N_2	99.99%	大连大特气体有限公司
6	氧气	O_2	99.5%	包头市富华气体有限公司
7	氢气	H_2	4.95%（余 N_2）	徐州特种气体厂
8	氦气	He	99.99%	徐州特种气体厂
9	去离子水	H_2O	—	自制
10	拟薄水铝石	$Al_2O_3 \cdot nH_2O$ ($n=0.08\sim0.62$)	99.3%	淄博久如工贸有限公司
11	石英棉	SiO_2	99.97%	中科仪器有限公司

2.1.2　实验主要仪器设备

本书试验中所用的仪器设备具体见表2.2。

表 2.2　实验设备

序号	仪 器 名 称	规 格 型 号	生 产 厂 家
1	磁力加热搅拌器	79-1 型	北京中兴伟业仪器有限公司
2	电热鼓风干燥箱	101 型	北京市永光明医疗仪器厂
3	管式电阻炉	SK16BYL	包头云捷电炉厂
4	立管炉	SK16BYL	包头云捷电炉厂
5	电动振筛机	8411 型	杭州蓝天化验仪器厂
6	共振研磨机	GZM	北京开源多邦科技发展有限公司
7	X 射线衍射仪	X pert powder	荷兰帕纳科公司
8	全自动化比表面及孔径分析仪	3H-2000PSI	北京贝士德仪器科技有限公司
9	程序升温化学吸附仪	PCA-1200	北京彼奥德电子有限公司
10	场发式扫描电子显微镜	Sigma-500 型	德国卡尔蔡司股份有限公司
11	电子天平	MAX-C3002	北京五鑫衡器有限公司
12	标准检验筛	20～40 目	浙江上虞市道墟张兴纱筛厂
13	NH_3-SCR 催化剂活性评价系统	—	自搭建
14	X 射线光电子能谱仪	Thermoescalab 250Xi	美国赛默飞世尔科技公司
15	X 射线荧光	ARLQUANT	美国赛默飞世尔科技公司
16	傅里叶红外光谱仪	VERTEX70	美国布鲁克科技有限公司
17	高温红外显微镜	HYPER10N	美国布鲁克科技有限公司
18	综合热重分析仪	STA449F3	德国耐驰科学仪器商贸有限公司
19	多功能烟气分析仪	KM9106	英国凯恩科技有限公司
20	电子天平	BT1259	德国赛多利斯科学仪器有限公司

　　除表 2.2 所述的实验仪器外，在制备催化剂时还使用如下仪器：玻璃棒、烧杯、漏斗、量筒等。

2.1.3 催化剂原料

　　本实验使用的主要原料包括产自包头白云鄂博矿区的稀土精矿、拟薄水铝石等，其中稀土精矿的 XRD 表征分析如图 2.1 所示。

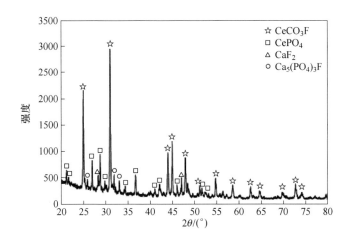

图 2.1　稀土精矿原矿 XRD 图

　　由图 2.1 可知稀土精矿中各晶相峰比较尖锐、结晶度较好，主要包含氟碳铈矿、独居石、萤石、氟磷酸钙四种矿相，其中氟碳铈矿占比含量最大。稀土精矿的元素分析见表 2.3。

表 2.3　稀土精矿的元素分析　　　　　　（质量分数/%）

O	Mg	Al	Si	P	S	K
22.6	0.0653	0.0294	0.732	2.19	0.559	0.0614
Ca	Ti	Mn	Fe	Cu	Zn	Sr
16.5	0.201	0.512	7.53	0.0145	0.210	0.132
Y	Nb	Ba	La	Ce	Pr	Nd
0.155	0.122	1.49	12.6	24.2	2.07	7.10
Sm	Gd	Pb	Th			
0.454	0.190	0.0809	0.166			

稀土精矿热重分析如图 2.2 所示。由图 2.2 热重 *TG*、*DSC* 曲线可知，由于实验开始前对矿料进行了预处理，矿料本身吸附的气体基本脱附完全，同时原物料上的吸附的水分也基本消失，因此 400℃ 之前，*TG* 曲线基本保持平稳，矿料处于放热状态，在 400~550℃ 区间内 *TG* 曲线出现较大的失重现象，且 *DSC* 曲线出现一个较宽的吸热峰，可能是由于氟碳铈矿焙烧分解成铈的氧化物所造成；550~850℃ *TG* 曲线基本保持平稳，在整个升温过程中，矿料本身基本处于吸热状态，850~1000℃ 区间内出现失重现象，且出现一个较宽的吸热峰，可能是由于碳酸盐类物质焙烧分解及局部出现烧结熔融所致。

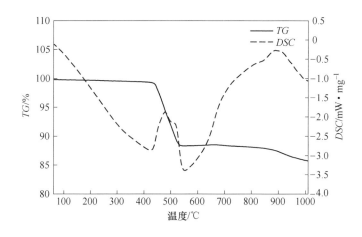

图 2.2   未处理稀土精矿热重分析曲线

2.2   催化剂的制备

取一定量的稀土精矿经破碎、研磨、过筛、干燥等预处理后将其按照不同粒径 100~200 目、200~300 目、300~400 目进行分筛分装备用。

2.2.1   稀土精矿矿料改性

稀土精矿的改性处理主要包括稀土精矿碱改性、稀土精矿酸改性、稀土精矿碱酸共改性等三部分。

具体步骤如下。

（1）稀土精矿碱处理。称取一定质量的碳酸氢钠放置于烧杯中，然后添加 50mL 去离子水，在磁力搅拌器的作用下常温搅拌形成均匀溶液，然后将称量好的 10g 特定粒径的稀土精矿放置于配好的碱溶液中用磁力搅拌器搅拌，静置；将烧杯放置于 110℃ 干燥，待水分蒸发后置于 500℃ 焙烧 4h，水洗除去生成的氟化钠与过量的碳酸钠，将滤纸上的矿料干燥，收集，得到碱处理改性材料。

（2）稀土精矿酸处理。称取一定质量的草酸放置于烧杯中，然后添加50mL水，在磁力搅拌器的作用下常温搅拌形成均匀溶液，将称量好的10g特定粒径的稀土精矿放置于配好的溶液中用磁力搅拌器搅拌，静置；将烧杯置于110℃干燥，待水分蒸发后放置于500℃焙烧4h，得到酸处理改性矿料。

（3）稀土精矿碱、酸共处理。

步骤一，稀土精矿碱处理。称取一定质量的碳酸氢钠放置于烧杯中，然后添加50mL水，在磁力搅拌器的作用下常温搅拌形成均匀溶液，将称量好的10g特定粒径稀土精矿放置于配好的溶液中用磁力搅拌器搅拌，静置；将烧杯置于110℃干燥，待水分蒸发后置于500℃焙烧4h，水洗除去生成的氟化钠与过量的碳酸钠，将滤纸上的矿料干燥，收集。

步骤二，矿料酸处理。称取一定质量的草酸放置于烧杯中，然后添加50mL水，在磁力搅拌器的作用下常温搅拌形成均匀溶液，将步骤一中所得矿料放置于配好的溶液中用磁力搅拌器搅拌，静置；将烧杯置于110℃干燥，水分蒸干后收集备用，得到碱、酸共处理改性矿料。

2.2.2 稀土精矿/改性稀土精矿催化剂的制备

稀土精矿改性流程及催化剂制备技术路线如图2.3所示。

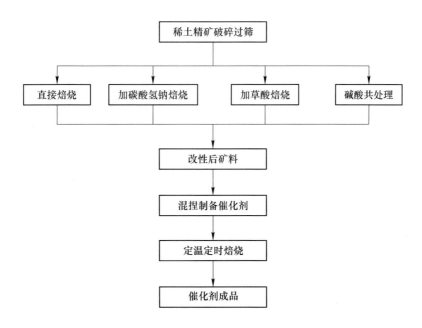

图2.3 稀土精矿改性流程及催化剂制备技术路线

催化剂的制备主要包括混料混捏、挤出成型、干燥、焙烧等步骤，具体如下：将未处理或处理后的矿料按照一定比例与 10g 拟薄水铝石（γ-Al_2O_3 前驱体）混匀搅拌后加去离子水混匀揉捏后放置于模具中，挤出成型，将成型后的样品放置于电热鼓风干燥箱中 110℃ 干燥 12h，然后将上述干燥后的样品放置于特定温度下焙烧 4h，程序降温到室温后，待样品冷却，取出焙烧产物，得到催化剂。将其在一定压力下破裂过筛，取粒径 20～40 目样品称量好放置于反应器中，按照实验方案进行脱硝活性实验。

2.3　催化剂的表征

作为催化脱硝核心之一的脱硝催化剂，其物质本身所具备的物化结构、成分配比及其微观形貌决定其在催化中的脱硝表现，因此对其进行分析十分重要，本节使用到的主要表征手段如下。

（1）X 射线荧光光谱（XRF）。X 射线荧光光谱在美国赛默飞世尔科技公司生产的 ARLQUANT，X 型荧光能谱仪上进行测定，用来测定物料所含元素种类及其各组分质量百分比，仪器可以测定的浓度范围为 1×10^{-6}～1×10^{-2} 的 Na-U 元素。

（2）热重分析（TG/DSC）。考虑到实验环境的物质结构稳定需求，需要将样品放置于德国耐驰公司的 STA449C 综合热分析仪上开始催化剂的热稳定性能检测。检测进行中选取 N_2 气氛，升温范围 40～1000℃，升温速度 10K/min。

（3）X 射线衍射（XRD）。本实验制备完成的催化剂其物相结构分析是在帕纳科公司生产的型号为 Axios 的衍射仪平台上操作的。考虑到催化剂本身特性，检测时选取石墨单色器（Ni 滤波，Cu 靶，Ka 辐射源）。仪器使用过程中扫描角度范围为 $2\theta = 20°$～$80°$，其中具体操作参数为管压选取 40kV，管流选取 30mA。为了曲线尽可能平稳，扫描速度不可过大，最终选择为 3°/min。

（4）扫描电镜（SEM）与能谱（EDS）。为了观察催化剂制备过程中微观形貌结构变化及其是否有孔隙出现，选取成型样品在蔡司公司型号为 Sigma-500 的场发式扫描电子显微镜进行此实验。选取的检测参数中电压为 30.0kV，可放大 2万倍。

（5）比表面积（BET）。通常而言，催化剂所具备的比表面积的大小与特定的孔径分布在一定程度上决定着催化效果的好坏，对催化剂进行 BET 检测十分必要，本实验在贝士德仪器科技有限公司的全自动化比表面及孔径分析仪上进行，为了测试结果尽可能准确，在吸附测定之前需要对样品进行一些必不可少的预处理，如 200℃ 下真空脱气 240min，饱和蒸汽压 102.09kPa，N_2 为吸附质，吸附温度 77.3K，最后处理数据时选取 BET 计算的方法进行分析。

（6）NO-TPD 程序升温脱附。众所周知，在脱硝实验过程中催化剂上 NO 吸附量的多少及吸附类型在很大程度上影响着脱硝进程，该测试的操作仪器为北京彼奥德电子有限公司出产的 PCA-1200 式升温化学吸附仪。测试开始以前，称取约 0.1g 的催化剂样品，放置到反应 U 形管中，样品在 200℃ 温度条件下通过 40mL/min 的 N_2 气氛中进行试验。预处理时长选取为 60min，主要用来吹扫催化剂表面及孔结构中的挥发性物质；吹扫完成后，当反应实验管温度冷却至室温后，设定下一步升温程序，升温至 100℃，进行预吸附 NO 气氛，吸附时长为 60min；此后仍然需要 N_2 进行吹扫 30min，随后以 10℃/min 的升温速率进行程序升温脱附，为了尽可能脱附，完全脱附温度范围选择为 100～950℃，经由 TCD 检测信号。

（7）NH_3-TPD 程序升温脱附。采取北京彼奥德电子有限公司出产的 PCA-1200 式升温化学吸附仪对催化剂进行 NH_3 程序升温脱附测试。在测试开始以前，称量约 0.1g 的催化剂样品，放置到反应 U 形管中，样品在 200℃ 下通过 30mL/min 的 N_2 气氛中预处理 60min，以吹扫催化剂表面及孔结构中的挥发性物质；当反应实验管温度冷却至室温后，设定下一步升温程序，升温至 100℃，进行预吸附 NO 气氛，吸附时长为 60min，此后仍然需要 N_2 进行吹扫 30min，随后以 10℃/min 的升温速率进行程序升温脱附，温度为 100～950℃，通过 TCD 检测信号。

（8）H_2-TPR 氧气程序升温还原。采取北京彼奥德电子有限公司出产的 PCA-1200 式升温化学吸附仪对催化剂进行 H_2-TPR 检测。在每次实验开始以前，称量质量大约为 0.1g 的催化剂样品，放置到反应 U 形管中，样品在 200℃ 下通过 30mL/min 的 N_2 气氛中预处理 60min，以吹扫催化剂表面及孔结构中的挥发性物质；吹扫完成后，冷却至室温，并升温至 100℃ 后再用 5% H_2/N_2 混合气吹扫，平衡后以 10℃/min 的升温速率到 950℃，通过 TCD 检测 H_2 消耗。

（9）XPS-X 射线光电子能谱/表面元素价态及浓度分析。在以往的研究中发现，催化剂表面的同一元素所体现出的不同价态及其各价态间相对含量的量化关系对催化剂的脱硝影响巨大，因此决定采用 Thermo escalab 250Xi 型 X 射线光电子能谱仪进行催化剂表面元素价态表征测试，实验开始时选取的主要参数有单色化 Al 靶 X 射线源以及双阳极 Mg/Al 靶 X 射线源，其中仪器使用允许的最大操作功率为 150W，为了实验数据的准确性需要选取 Cl_s = 284.6eV 作为结合能校正时的基准，实验完成后需要对数据进行一定的拟合分峰处理，一般采取 XPS peak.4.1 软件进行计算，然后将所得数据输入 Origin 软件中完成相应制图操作。各元素间价态量化比可依据分峰后的面积积分计算。

2.4 催化剂的活性测试

SCR 催化活性检测在自搭建的固定反应床上进行，具体简图装置如图 2.4 所示，装置主要由配气系统、反应器主体和烟气分析系统组成。其中配气系统均使用钢瓶气，模拟烟气组成包括 NO、NH_3、O_2、N_2 作为平衡气，气体均通过减压阀进行控制，进入反应器主体前通过混气箱对模拟烟气进行预混合，反应器主体包括立管炉、石英管，烟气分析系统主要由烟气采样器、傅里叶红外光谱烟气分析仪及计算机数据采集系统组成，采取产自南京博蕴通仪器科技有限公司生产的额定温度1600℃立管炉，内径20mm、长1.2m的1800型号硅钼棒进行加热，采用美国布鲁克科技有限公司的GASMET-DX4000型傅里叶红外光谱（FTIR）烟气分析仪和数据采集系统连用进行在线测量烟气成分，实验装置如图2.4所示。

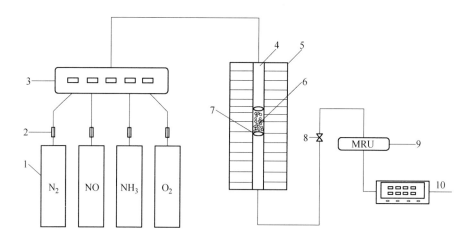

图2.4　实验装置示意图

1—标准气瓶；2—减压阀；3—混气箱；4—石英管；5—管式炉；6—催化剂；
7—石英棉；8—采样器；9—烟气分析仪；10—计算机

2.5　催化剂制备脱硝反应方程式

稀土精矿改性处理时反应方程式如下。

（1）稀土精矿碱处理（碳酸氢钠焙烧法）的反应方程式：

$$2NaHCO_3 \Longrightarrow Na_2CO_3 + H_2O + CO_2$$

$$3REFCO_3 + H_2O \Longrightarrow RE_2O_3 + REOF + 2HF + 3CO_2$$

$$REFCO_3 \Longrightarrow REOF + CO_2$$

$$2REOF + Na_2CO_3 \Longrightarrow RE_2O_3 + 2NaF + CO_2$$

$$2CeFCO_3 + 1/2O_2 \Longrightarrow Ce_2O_3F_2 + 2O_2$$

$$Ce_2O_3F_2 + Na_2CO_3 \Longrightarrow 2CeO_2 + CO_2 + 2NaF$$

稀土精矿草酸焙烧法的反应方程式：

$$Ca_5F(PO_4)_3 + 5C_2H_2O_4 \Longrightarrow 5CaC_2O_4 + 3H_3PO_4 + HF$$

$$2Ca_5F(PO_4)_3 + 7C_2H_2O_4 \Longrightarrow 7CaC_2O_4 + 3Ca(H_2PO_4)_2 + 2HF$$

（2）脱硝反应过程中的方程式为：

$$4NO + 4NH_3 + O_2 \rightleftharpoons 4N_2 + 6H_2O$$
$$2NO_2 + 4NH_3 + O_2 \rightleftharpoons 3N_2 + 6H_2O$$
$$6NO + 4NH_3 \rightleftharpoons 5N_2 + 6H_2O$$
$$6NO_2 + 8NH_3 \rightleftharpoons 7N_2 + 12H_2O$$

（3）定义燃烧过程中脱硝剂的脱硝率为：

$$脱硝率 = (m_0 - m_1)/m_0 \times 100\% \qquad (2.1)$$

式中，m_0 为反应器未添加催化剂平稳后检测出的 NO 的浓度；m_1 为反应器添加催化剂反应烟气平稳 30min 后检测出的 NO 的浓度。

以 NO 的脱除率高低评价各催化剂的脱硝效果优良性，NO 的脱除率越高，诠释催化剂的脱硝活性越好。

2.6 本章小结

本章主要介绍了实验过程中涉及的药品、活性测试装置、表征手段及测试仪器和其他设备等；与此同时简述了催化剂制备时的基本工艺。

3 稀土精矿改性处理对催化剂脱硝特性的影响

3.1 实验工况

在大量的低温脱硝催化剂研究中，铈基催化剂拥有对环境友好、价格低廉等长处，同时铁的添加对催化剂具备一定的抗水抗硫中毒机能。基于这些特性，本章采用以稀土铈、镧为主同时含有一定量铁、锰过渡金属元素的稀土精矿作为活性原料，以经过碱、酸焙烧处理后的矿料作为主要活性组分，与拟薄水铝石（γ-Al_2O_3 前躯体）混捏制备催化剂，制得的催化剂脱硝活性较好。

本章首先经由制备不同的改性处理后的精矿脱硝催化剂，考察改性制备时碱处理、酸处理、碱酸共处理对脱硝过程中反应活性的影响，并采取 BET、X 射线衍射（XRD）、扫描电镜（SEM/EDS）NH_3 程序升温脱附（NH_3-TPD）和 NO 程序升温脱附（NO-TPD）等表征手段，对催化剂的物理化学特性进行剖析；其中改性实验工况见表 3.1。

表 3.1　实验工况

变　　量	参　　数
催化剂矿料焙烧温度/℃	400、500、600、700
矿料粒径/目	100～200、200～300、300～400
改性处理时浸渍时间/h	6、12、18、24
矿料与碳酸氢钠质量比	10/2、10/3、10/4、10/5
矿料与草酸质量比	10/2、10/3、10/4、10/5
矿料与碳酸氢钠及焙烧水洗后加草酸质量比	10/(2+2)、10/(3+3)、10/(4+4)、10/(5+5)
未处理/处理矿料与载体质量之比	1/1、1/2、1/3

实验过程中反应温度为 400℃，配气为 NO 6.0×10^{-4}、NH_3 7.2×10^{-4}，O_2

浓度5%，N_2为平衡气，实验所用气量340mL/min，每次试验称取样品1g，称取一定质量的石英棉放置于石英管加热段，相当于反应床用于支撑催化剂。每次开启实验操作前，立式管式炉以10℃/min的升温速度从室温加热到反应所需温度，通入30min反应气体并用烟气分析仪监测，等到试验温度及各气体浓度处于稳定状态，快速将测试样品倒入石英管加热恒温区，采用傅里叶红外光谱烟气分析仪和计算机采集数据系统对催化剂脱硝效率进行计算。

3.2 焙烧温度、矿料粒径对催化剂脱硝活性的影响

在上述反应条件下，当载体与矿料之比（拟薄水铝石/未改性稀土矿）为2/1，焙烧时间4h，研究矿料焙烧温度、矿料粒径对催化剂脱硝活性的影响，如图3.1所示。

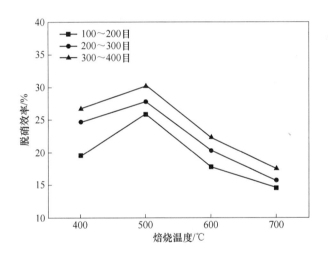

图 3.1　焙烧温度、矿料粒径对催化剂脱硝活性的影响

由图3.1可以看出，矿料焙烧温度对催化剂脱硝结果的影响为随着温度的升高，脱硝率呈现先上升后下降的趋势；矿料粒径对催化剂脱硝效果的影响表现为随着矿料粒径目数的增大，脱硝率逐步上升。总体来看，当矿料焙烧温度在500℃，矿料粒径为300～400目时的效果最佳，脱硝率可达32.2%。这是由于氟碳铈矿在空气条件下焙烧一定时间后会生成一定量的氧化铈，焙烧温度过低时，氟碳铈矿转变成的氧化铈量少，焙烧温度过高时又会造成一定的结构破坏，两者都会造成催化剂脱硝效率的下降。而稀土矿颗粒目数越大，粒径越小，越有利于活性组分在催化剂载体中的均匀分布。以下试验中催化剂焙烧温度均选取500℃，焙烧时长4h，矿料粒径为300～400目。

3.3　碱、酸、碱酸共处理对催化剂脱硝活性的影响

反应条件同上，当碱、酸、碱酸共处理改性物与矿料添加比例为3/10，载体与矿料之比（拟薄水铝石/处理稀土矿）为2/1时，研究浸渍时间对催化剂脱硝活性的影响，如图3.2所示。

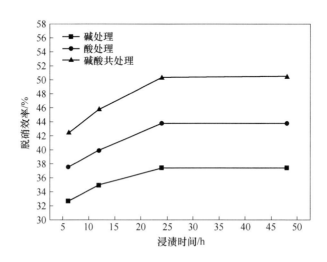

图3.2　碱、酸、碱酸共处理时浸渍时间对催化剂脱硝效果的影响

由图3.2可以看出，无论是碱处理、酸处理、碱酸共处理，浸渍时间对催化剂脱硝效果的影响均表现为随着浸渍时间的加长，脱硝效率呈现出先上升后基本不变、保持平稳的趋势，这是由于矿料在配制的溶液中浸渍时需要一定的时间才能充分接触浸润，达到预期浸渍充分的目的，浸渍充分后时间延长对催化剂矿料改性影响不大，因此最终将浸渍时长设定为24h。

3.4　碱处理对催化剂脱硝活性的影响

测试条件同上，研究矿料改性碱处理时碳酸氢钠的添加量与矿载质量比对催化剂脱硝效果的影响。

由图3.3可知，随着碱的添加量增加，脱硝率呈现出先上升后下降的趋势，在添加比例为4/10处，脱硝效果最好；矿载之比与脱硝效率呈现出正相关性，改性处理后的矿料质量越多脱硝效率越高；当碳酸氢钠与稀土矿质量比为4/10，矿料与载体质量之比为1/1时脱硝效果最好，脱硝率达到61.5%。这是由于焙烧温度相同的情况下，碱的添加有助于稀土精矿中氟碳铈矿转变成更多的氧化铈，当氧化铈转化量趋于极限时，继续添加碱量则会出现过量，水洗后有时仍会残留部分碱，从而使脱硝效率下降。而改性矿量添加比例的增加有利于生成更多的有

效活性位点，从而促进脱硝效率的升高。

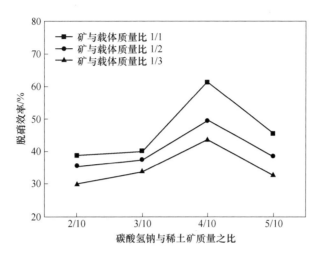

图 3.3　碱处理对催化剂脱硝活性的影响

3.5　酸处理对催化剂脱硝活性的影响

　　测试条件同上，研究矿料改性酸处理时草酸的添加量与矿载质量比对催化剂脱硝效果的影响。

　　由图 3.4 可知，随着酸的添加量增加，脱硝率呈现出先上升后下降的趋势，在添加比例为 4/10 处，脱硝效果最好；而矿载之比与脱硝效率呈现出正相关性，矿料质量越多脱硝效率越高；当草酸与稀土矿质量比为 4/10，矿料与载体质量

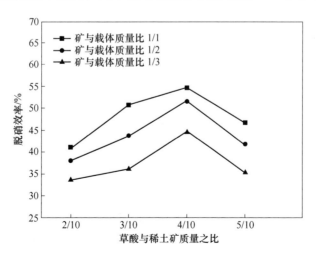

图 3.4　酸处理对催化剂脱硝活性的影响

之比为 1/1 时脱硝效果最好，脱硝率达到 54.8%，这是由于稀土矿草酸浸渍焙烧，脱除了一些氟磷酸钙，提高了酸性位，提高了活性物质的浓度。

3.6 碱、酸共处理对催化剂脱硝活性的影响

焙烧温度为 500℃，矿料粒径为 300~400 目条件下研究碱、酸共处理与矿载质量比对催化剂脱硝效果的影响。

由图 3.5 可知，随着碱酸共添加量的增加，脱硝率呈现出先上升后下降的趋势，在添加比例为 4/10 处，脱硝效果最好；而矿载之比与脱硝效率则呈现出正相关性，矿料质量越多脱硝效率越高；当草酸与稀土矿质量比为 4/10、矿料与载体质量之比为 1/1 时脱硝效果最好，脱硝率达到 84.3%；这是由于碳酸氢钠与草酸联合改性有望减少 CaF_2 对活性的影响，提高 CeO_2 总含量及分散度，改性催化剂酸性位有效提高催化剂活性。

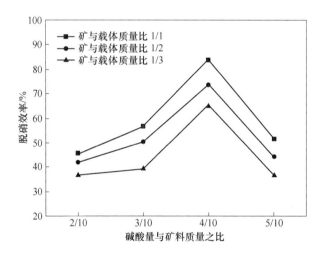

图 3.5　碱、酸共处理对催化剂脱硝活性的影响

3.7 XRD 表征

矿料改性过程中的 XRD 表征如图 3.6 所示。

由图 3.1~图 3.6 可得出如下结论：

稀土精矿的主要成分是 $CeFCO_3$，经过焙烧分解可以产生 Ce_2O_3、CeO_2。与精矿直接焙烧后的 XRD 结果相比，稀土矿水浸碳酸氢钠 500℃焙烧后有 NaF 生成，Ce_7O_{12}（PDF 卡片号 89-8433，Ce^{3+} 与 Ce^{4+} 同时存在，Ce_7O_{12} 是 Ce_2O_3 与 CeO_2 之间的一种过渡态存在形式，具有大量的氧空位及较强的氧化还原性的不饱和铈氧化物）晶相峰升高，表明加碱焙烧后可以促使更多的氟碳铈矿转化为 Ce_7O_{12}，

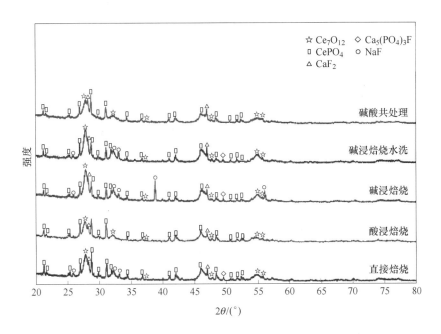

图 3.6 稀土矿改性焙烧后的 XRD 表征

进一步水洗可以除去脱氟过程中产生的 NaF 及残余的 Na_2CO_3，提高 Ce_7O_{12} 纯度；此后稀土矿水浸草酸处理，Ce_7O_{12} 晶相峰峰高降低且峰宽变大，同时氟磷酸钙晶相峰消失；碳酸氢钠与草酸联合改性有望提高除氟效率及减少杂质，提高 Ce_7O_{12} 含量与分散度，将更多的活性组分暴露出来，同时提高酸性位，有效提高催化剂活性。$CePO_4$ 在矿料改性处理过程中较稳定，在各处理中均未发生明显变化。

3.8 SEM/EDS 表征

SEM 表征与 EDS 能谱如图 3.7 所示。

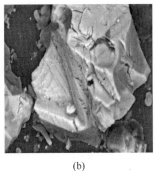

(a)   (b)

(c)　　　　　　　　　　　　(d)

(e)

(f)

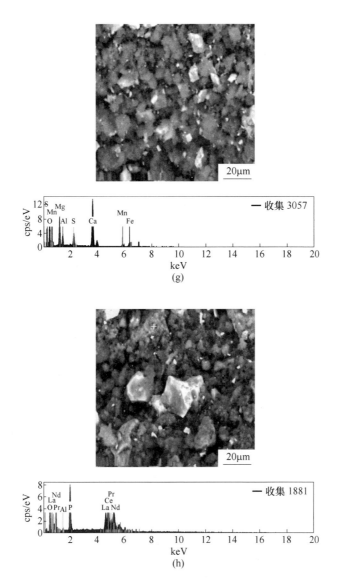

图 3.7　稀土矿改性催化剂 SEM/EDS 表征图

（a）（b）改性焙烧前后的 SEM 图；（c）（d）催化剂成型后放大不同倍数 SEM 图；

（e）~（h）催化剂不同位置的 EDS 能谱图

　　从图 3.7（a）~（d）可以看出，矿料经由焙烧改性处理后矿料表面由平滑向褶皱改变，局部出现裂痕，表面缺陷增多，制备成型后的催化剂表面凹凸不平且具有一定量的孔隙结构，比表面积较大，二者均有助于反应气体在催化剂外面的吸附脱附，在一定程度上提高了催化剂的脱硝效果；通过 EDS 能谱分析可知催化剂成型后的活性组分上存在的 Ce\La\Fe\Mn(Ce-La-Pr-Nd 为主，Ce-La-Fe、Fe-Ce、Fe-Mn 等为辅) 的两元、三元、四元间多相多金属氧化物协同脱硝效果得到显著提升。

3.9　BET 表征

众所周知，催化剂制备成型后本身具备的孔结构、孔径分布在一定程度上决定着脱硝反应过程中哪些反应物及其反应后的产物可以自由高效地进出开孔 (open pore)，因此为确定矿料改性对催化剂微观物理结构的影响，本节通过气体吸附法对四种催化剂做了微观结构测试，然后进行了 BET、BJH 计算分析，结果见表 3.2。

表 3.2　各制备成型的催化剂的 BET 表征

检测项目	未处理直接制备催化剂	碱处理成型催化剂	酸处理成型催化剂	碱酸共处理成型催化剂
比表面积/$m^2 \cdot g^{-1}$	154.8851	190.4648	208.0457	212.3531
孔体积/$mL \cdot g^{-1}$	0.3909	0.4132	0.5569	0.5684
平均孔径/nm	12.6643	11.9371	10.7073	10.0952

由表 3.2 可知，矿料经过碱酸改性后制备成型的催化剂 (催化剂的比表面积和孔容都有一定程度的提高，而孔径则相应地有所下降) 的比表面积增大可达 $212.3531m^2/g$，使活性组分散布更平均，这将有利于反应气体与催化剂表面活性吸附位的充实接触，增强吸附量，从而加快 SCR 反应的进行；孔体积增大达到 $0.5684mL/g$ 时，平均孔径减小，小孔微孔增多，孔径达到 10.0952nm，更大的孔容及更加丰硕的中孔布局在为反应气体供给更多的活性吸附位的同时也有利于孔内反应产物的实时脱附排出，从而促使 SCR 反应高效进行。

3.10　H_2-TPR 表征

通常来讲对于大多数催化氧化反应，催化剂的氧化还原本领对其催化活性的影响十分明显。由图 3.8 可知经由改性处理后，几个催化剂在 200 ~ 900℃ 的温度区间内呈现出持续的较宽的氢气还原峰，催化剂上该峰的峰面积较未改性的催化剂有较大的进步，显示改性处理可以增强催化剂的储氧能力和氧化还原本领。催化剂的氧化还原本领得以显著提高。而催化氧化还原本领的提高有利于催化剂在 SCR 反应中将 NO 氧化成 NO_2，从而提高改性处理稀土矿催化剂的 SCR 活性。

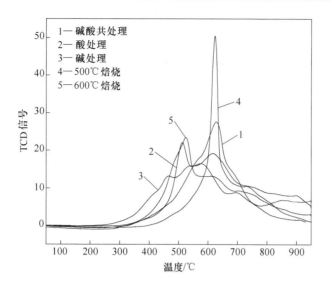

图 3.8 改性矿的 H₂-TPR 表征

3.11 NH₃-TPD 表征

SCR 催化剂外表面的酸性位点对脱硝反应的影响较大，直接决定了反应气 NH₃ 在催化剂表面的吸附和活化本领，为了考查改性处理是不是会对催化剂的表面酸性产生影响，对四种经过不同改性处理的催化剂进行了 NH₃-TPD 试验，测试成果如图 3.9 所示。由图 3.9 可知，表面酸强度大小顺序依次为：酸碱共处

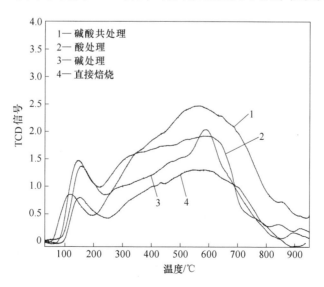

图 3.9 不同改性方法制备的催化剂样品的 NH₃-TPD 图

理 > 酸处理 > 碱处理 > 直接焙烧处理，矿料改性对催化剂表面酸强度有影响。四个催化剂在低温段都出现一个较弱的脱附峰，该峰对应于弱酸位上吸附的 NH_3，而在高温段，出现了连续的较宽的很强的 NH_3 脱附峰，该峰是由强酸位（如 Lewis 酸位和 Bronsted 酸位）上吸附的 NH_3 脱附后产生的。经由碱酸改性的催化剂上呈现的 NH_3 脱附峰的峰强显著高于未改性的催化剂，充分说明经由碱酸改性处理后，矿料的活性酸位点增多，酸强度加强，这将有利于增进 NH_3 在催化剂表面的吸附和活化，而 NH_3 的吸附和活化被认为是低温 NH_3-SCR 反应中的关键步骤，NH_3 吸附量的增多有助于脱硝反应的高效进行。

3.12　NO-TPD 表征

NO 可以以吸附态形式介入 SCR 反应，故催化剂对 NO 的吸附本领也能在一定程度上影响 SCR 反应活性，为确保矿料改性对催化剂 NO 吸附本领的影响，本节对四种催化剂做了 NO 程序升温吸附脱附测试，测试结果如图 3.10 所示。

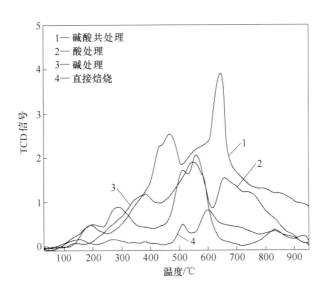

图 3.10　不同改性方法制备的催化剂样品的 NO-TPD 图

在图 3.10 所示图谱中，可以明显看出各催化剂基本上都存在三个比较明显的 NO 脱附峰，与直接焙烧精矿相比，精矿经过碱处理、酸处理、碱酸共处理后其 NO 吸附效果均明显提升，其中加碱处理后 NO-TPD 峰型与直接焙烧相比脱附峰增强且向低温方向发生偏移，碱酸共处理及酸处理后 NO-TPD 效果也得以明显提高。

3.13 本章小结

本章以碱改性、酸改性、碱酸共处理稀土催化剂为研讨对象，采取混捏法进行稀土脱硝催化剂的制备，对煅烧温度、矿料粒径、矿载之比、酸碱浸渍时间浸渍配比对催化剂脱硝的影响进行了研究；经由 SEM/EDS、BET、XRD、NH$_3$-TPD 和 NO-TPD、H$_2$-TPR、XPS 等表征手段，对不同催化剂的物理化学特征进行分析，获得如下结论：

（1）通过 XRD 及 EDS 能谱分析可以得出改性处理后催化剂活性成分中杂质减少，Ce$_7$O$_{12}$ 组分含量增加且分散更加均匀，稀土矿本身存在的共伴生矿中 Ce\La\Fe\Mn 等多元多相多金属氧化物协同脱硝效果得到显著提升。

（2）从 SEM 与 BET 表征结果中可以看出，制备成型后的催化剂表面凹凸不平、孔隙发达、比表面积较大，经由碱酸焙烧改性处理后的催化剂比表面积有所增大，平均孔径有所减小，孔容明显增大。

（3）在 TPR、TPD 实验中可以看出改性处理对催化剂氧化还原性、NH$_3$ 与 NO 吸附特性均有重要影响。总体来看，碱酸共处理所得的催化剂的综合性能最好。

（4）在催化剂制备温度为500℃，活性检测反应温度为400℃，配气供给 NO 为 6.0×10^{-4}，NH$_3$/NO 比为1.2，O$_2$ 浓度为4%时，碱酸改性后的催化剂的脱硝效果最好，可达84.3%。

4 焙烧温度、实验工况对改性稀土精矿 NH₃-SCR 脱硝影响

在催化剂制备成型过程当中，焙烧温度对催化剂的性能影响很大，对其催化活性的影响也很明显，为此考查焙烧温度对改性后稀土精矿催化剂脱硝机能和催化活性的影响。此外，本章还优选碱、酸共处理催化剂在不同空速、氧气浓度、氨氮比和 NO 浓度条件下的脱硝表现进行测试，探究反应条件对 SCR 脱硝的影响。

4.1 实验工况

本章的实验工况、具体参数可见表 4.1。

表 4.1　实验工况

变　量	参　数
催化剂制备温度/℃	500、600、700
反应温度/℃	200、250、300、350、400
O₂浓度	3%、4%、5%
NH₃/NO	0.75/1、1/1、1.25/1、1.5/1

4.2 焙烧温度、反应温度对催化剂脱硝活性的影响

在 NH₃ 600×10^{-6}、NO 600×10^{-6}、O₂ 体积分数为 4%、N₂ 为均衡气条件下，研讨催化剂焙烧温度、性能评价时的反应温度对催化剂脱硝活性的影响，如图 4.1 所示。

由图 4.1 可以看出，焙烧温度对催化剂脱硝效果的影响表现为随着温度的升高，同等条件下脱硝率呈现逐步下降的趋势，焙烧温度在 500℃时效果最佳。反应温度对催化剂脱硝效果的影响表现为，随着温度的升高，同等条件下脱硝率呈现逐步上升的趋势，反应温度在 400℃时效果最佳。这是由于氟碳铈矿在经过加

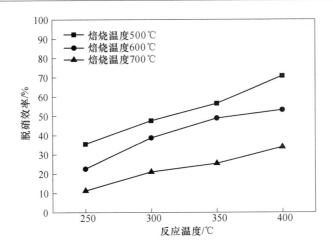

图 4.1 焙烧温度、反应温度对催化剂脱硝活性的影响

碱焙烧一定时间后会生成氧化铈，焙烧温度过低时，氟碳铈矿转变成的氧化铈量少；焙烧温度过高时又会由于过烧造成一定的结构破坏，如比表面积减少、孔隙坍塌等，两者都会造成催化剂脱硝效率的下降。而对于反应温度来说，低温时总有一部分还原剂未达到合适的温度窗口，所以效率不高，同时催化剂本身的活性物种要体现出其较优的催化性质也需处于特定的温度窗口中，此时，其脱硝反应才可顺利进行。

4.3 NH$_3$/NO 比与 O$_2$ 浓度对催化剂脱硝效果的影响

在催化剂焙烧温度为 500℃，反应温度为 400℃，NO 600 × 10^{-6}、N$_2$ 为平衡气条件下，研究 NH$_3$/NO 比、O$_2$ 浓度对催化剂脱硝活性的影响，结果如图 4.2 所示。

由图 4.2 可以看出，NH$_3$/NO 比对催化剂脱硝效果的影响表现为随着 NH$_3$/NO 的升高，脱硝率呈现逐步上升的趋势，NH$_3$/NO 比与脱硝效率呈现出正相关性，NH$_3$/NO 为 1.5 效果最佳。从 O$_2$ 浓度对改性催化剂脱硝结果的影响来看，其主要表现为伴随着反应混合气体中 O$_2$ 浓度的升高，脱硝率呈现先上升后降落的趋向，O$_2$ 浓度为 4% 效果最佳。NH$_3$/NO 之比为 1.5、O$_2$ 浓度为 4% 时脱硝率最好，到达 92.8%。这是由于，对于 NH$_3$/NO 来说，NH$_3$/NO 较低时没有足够的 NH$_3$ 与 NO 反应，脱硝效率不高，随着 NH$_3$/NO 的增加，反应逐渐趋于饱和，此后继续增加 NH$_3$/NO，则会造成 NH$_3$ 过量，发生严重的 NH$_3$ 逃逸事故，因此要合理控制 NH$_3$/NO。而对于 O$_2$ 浓度来说，O$_2$ 浓度过低时，不利于 NO 的氧化及其产物在催化剂表面的吸附；O$_2$ 浓度过高时，在一定程度上又会造成 NH$_3$ 的氧化，两者均不利于脱硝反应的顺利进行。

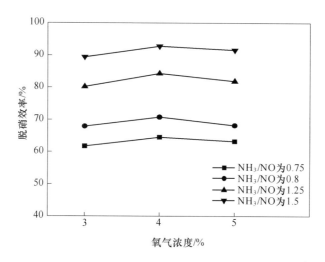

图 4.2   NH$_3$/NO 比、O$_2$ 浓度对催化剂脱硝效果的影响

4.4   焙烧温度对催化剂 N$_2$ 选择性的影响

在 NH$_3$ 为 600×10^{-6}、NO 为 600×10^{-6}、O$_2$ 体积分数为 4%、N$_2$ 为平衡气条件下,在反应温度为 400℃ 时,考察焙烧温度对 N$_2$ 选择性的影响,结果如图 4.3 所示。

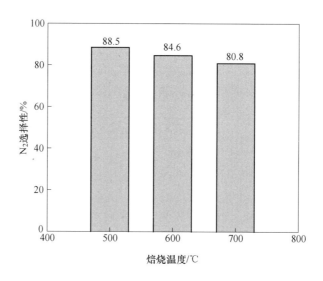

图 4.3   焙烧温度对催化剂 N$_2$ 选择性的影响

从图 4.3 中可以看出，反应温度保持一致的情况下，跟随着催化剂焙烧温度的升高，N_2 选择性表现出下降的趋向，在焙烧温度为 500℃时，氮气选择性最好可达 88.5%，最终确定催化剂制备时的最好焙烧温度为 500℃。

4.5　XRD 表征

图 4.4 所示为催化剂经由不同焙烧温度处理后获得的 XRD 图谱，由图可知，催化剂为多物相共存体系，与处理前的精矿相比，氟碳铈矿转化为氧化铈，且氟磷酸钙晶相峰消失；三种不同温度焙烧所得的催化剂各晶相结构均未发生明显变化，对主晶相 Ce_7O_{12} 而言，500℃与 600℃焙烧后的 XRD 衍射峰很相近，600℃的晶相峰强度略有增加，晶粒大小比较接近；700℃焙烧后峰强度增强明显，衍射峰变得更加尖锐，在一定程度上反映出 Ce_7O_{12} 出现了比较严重的烧结现象，晶体的颗粒堆积，致使颗粒增大、结晶水平加强。

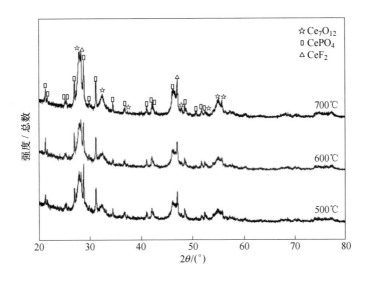

图 4.4　焙烧温度对催化剂 XRD 表征的影响

4.6　H₂-TPR 表征

图 4.5 所示为其他条件相同下改变改性稀土催化剂制备焙烧温度的 H_2-TPR 曲线变化。

由图 4.5 可知，峰型处于 350～450℃的还原峰可归属于催化剂表面吸附氧（A）的还原，550～750℃、850～900℃的还原峰分别对应于催化剂表面晶格氧（B）和体相晶格氧（C）的还原。整体来看，随着催化剂焙烧温度的升高，催化剂的氧化还原性削弱，且基本上还原峰向高温处发生偏移，其中 500℃、600℃

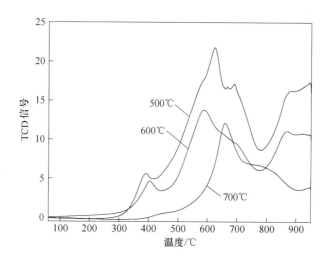

图 4.5　焙烧温度对催化剂 H₂-TPR 的影响

条件下焙烧的催化剂具备 A、B、C 还原峰，且还原峰的面积 B > C > A，随着焙烧温度的升高，表面吸附氧削减是因为焙烧温度升高，催化剂整体表面缺陷减少，吸附氧削减；同时焙烧温度升高也会致使活性组分的颗粒堆积，致使颗粒增大和比表面积下降，从而致使表面晶格氧含量减小。700℃下焙烧的催化剂在一定程度上产生了烧结特征，比表面积进一步下降，致使表面吸附氧消逝和表面晶格氧含量急剧下降。这与催化剂的脱硝活性数据保持一致性。上述结果表明，焙烧温度对催化剂的特性影响很大，500℃ 为催化剂制备时最合适的焙烧温度。

4.7　NH₃-TPD 表征

本实验选取经过碱酸改性后 500℃、600℃、700℃ 成型焙烧温度下的三类催化剂进行表面吸附 NH₃ 的程序升温脱附实验，结果如图 4.6 所示。

由图 4.6 可知，通过比较三个样品的 NH₃-TPD 图谱，催化剂表面酸强度的大小顺序为：500℃ > 600℃ > 700℃。焙烧温度对催化剂表面的酸性强度有影响，太高的焙烧温度会引起催化剂表面的酸性强度削弱并致使酸性位点数目降低，从而造成催化剂脱硝效果的下降。

4.8　NO-TPD 表征

图 4.7 所示为选取经过碱酸改性后 500℃、600℃、700℃ 成型焙烧温度下的三类催化剂进行表面吸附 NO 的程序升温脱附实验曲线图。

由图 4.7 可知，500℃、600℃ 焙烧成型的催化剂在低温段内（100~200℃）

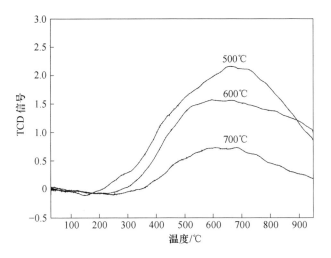

图 4.6　焙烧温度对催化剂 NH$_3$-TPD 的影响

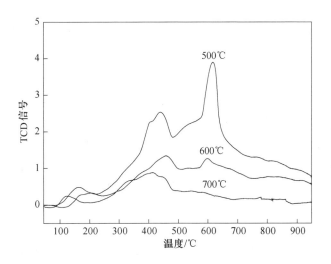

图 4.7　焙烧温度对催化剂 NO-TPD 的影响

和高温段内（400~500℃、600~700℃）均出现了脱附峰，从峰强度及峰面积来看，600℃焙烧样品远低于前者。700℃焙烧的样品在 600~700℃区间内 NO 脱附峰消失，可能是由于焙烧温度过高引起表面烧结，导致比表面积减少、NO 吸附量下降。可见，焙烧温度还会对催化剂表面的 NO$_x$ 吸附产生影响，当焙烧温度为500℃时，催化剂表面吸附效果最好，此后随着焙烧温度的升高，催化剂吸附 NO的能力减弱，催化活性因此下降。

4.9　BET 表征

表 4.2 为不同焙烧温度条件下制备的催化剂 BET 表征。

表 4.2　BET 表征

检 测 项 目	500℃焙烧	600℃焙烧	700℃焙烧
比表面积/m² · g⁻¹	212.3531	175.3678	130.5078
孔体积/mL · g⁻¹	0.5684	0.4875	0.4168
平均孔径/nm	10.0952	11.5873	12.6643

由表 4.2 可知，随着焙烧温度的升高，催化剂的比表面积下降、孔体积减小、平均孔径增大，催化剂的大孔数目增长，小孔数目削减。700℃焙烧下局部出现烧结现象，少量孔隙结构发生坍塌，均不利于反应气体在催化剂表面的吸附，因此脱硝效果降低。从结果来看，催化剂混捏后在 500℃条件下成型焙烧时，其 BET 各参数效果最佳。

4.10　本章小节

本章采用不同焙烧温度制备脱硝催化剂，使用 H_2-TPR、NH_3-TPD、NO-TPD、XRD、BET 等表征手段研讨不同焙烧温度对催化剂氧化还原性及 NH_3、NO 吸附特征与物相构成及分散性、比表面积的影响；同时考查了活性检测反应温度、成型焙烧温度对催化剂脱硝活性及 N_2 选择性的影响，得出如下结论。

（1）焙烧温度与催化剂氧化还原性、NH_3 与 NO 吸附特征及脱硝活性均有十分紧密的关系。整体来看，500℃焙烧所得的催化剂其综合效果最佳，继续升高焙烧温度无益于脱硝反应的进行。

（2）伴随着焙烧温度的加强，催化剂的主晶相峰变得越发尖锐，晶粒增大，结晶水平加强；比表面积逐步变小，孔容下降。

（3）在催化剂制备温度为 500℃，反应温度为 400℃，NH_3/NO 比为 1/1，O_2 浓度为 4% 时，改性后的催化剂的脱硝效率最佳可达 70.8%，N_2 选择性最佳可达 88.5%。

5 稀土尾矿对半焦燃烧特性及动力学参数的影响

以循环流化床锅炉密相区半焦燃烧为研究对象,搭建固定床实验平台,进行半焦燃烧释放 NO$_x$ 的实验研究,分析不同温度、不同粒径对半焦燃烧 NO$_x$ 排放特性的影响,并结合多种表征手段分析高温下半焦 NO$_x$ 降低的原因。目前,国内外学者对稀土氧化物脱硝进行了大量研究,如通过添加催化剂强化煤粉燃烧。邹冲等人采用热重法发现 CaO$_2$ 可分解成 CaO,提高煤粉燃烧效率;张辉等人采用热重法发现向煤中加入 2% 的 MnO$_2$、CaO 和 CeO$_2$ 可以降低燃烧放热温度和活化能;Ma 等人采用热重法发现 Fe$_2$O$_3$、MnO$_2$ 和 BaCO$_3$ 可改善煤粉的着火温度和燃尽温度;Li、Gong 等人采用热重法发现 CuO、Fe$_2$O$_3$、ZnO 和 CeO$_2$ 可改善煤粉燃烧效率。包头市白云鄂博稀土尾矿中含有稀土、铁和铌等有用矿物质,回收白云鄂博尾矿中的铁和钪,可制造微晶玻璃和陶瓷,改善水泥特性。因此,本章采用热重分析仪研究稀土尾矿对半焦燃烧特性及动力学参数的影响。首先,研究不同添加量的稀土尾矿对半焦燃烧特性参数的影响,根据 Coats-Redfern 动力学模型计算稀土尾矿与半焦混燃的动力学参数,结合 X 射线衍射仪、SEM 扫描电镜及 EDS 能谱仪、BET 比表面积、孔容孔径表征手段对半焦燃烧前后样品的微观结构、表面形貌和元素成分及含量进行比较,分析稀土尾矿改善半焦燃烧特性的机理。

5.1 实验部分

5.1.1 实验原料

实验原料选自包钢 4 号高炉喷吹半焦,每次称量 10mg 左右,粒径取 150 ~ 180 目,具体成分见表 5.1。稀土尾矿选自内蒙古包头白云鄂博尾矿坝中的尾矿,粒径取 300 目以上,半焦的元素分析和工业分析主要成分见表 5.2。

表 5.1 半焦的元素分析和工业分析

近似分析(质量分数)/%				最终分析(质量分数)/%				
M$_{ad}$	V$_{ad}$	A$_{ad}$	FC$_{ad}$	C	H	O	N	S
4.31	16.95	9.79	68.95	80.01	3.08	0.86	1.41	0.45

表5.2   白云鄂博稀土尾矿元素含量

成分	Al_2O_3	SiO_2	MgO	Fe_2O_3	CaO	K_2O	La_2O_3	CeO_2	TiO_2	Na_2O
w/%	1.55	10.87	4.416	13.32	28.44	0.711	1.46	2.96	0.67	1.40

5.1.2　实验装置原理及主要设备

实验系统主要由配气系统、反应系统及气体测量系统组成，如图5.1所示。

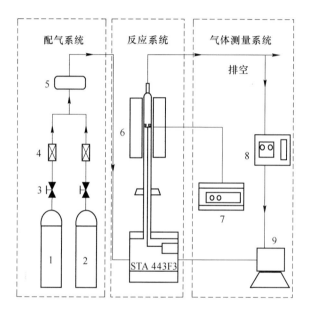

图5.1　热重程序升温示意图

1—N_2 瓶；2—O_2 瓶；3—减压阀；4—流量计；5—混气箱；

6—加热体；7—温度控制器；8—烟气分析仪；9—计算机

德国耐驰公司生产的STA449 F3 Jupiter 型热分析仪主要由天平、炉子、程序控温系统、记录系统组成，热重分析仪可自动得出失重曲线（TG）、失重速率曲线（DTG）和热流量曲线（DSC），通过 TG、DTG、DSC 曲线得出燃烧特性参数，具有坚固、灵活、准确等特点，具体参数见表5.3。

表5.3   热重分析仪的具体参数

温度范围/℃	升温速率/K · min^{-1}	测量精度/g	测量频率/s · t^{-1}
−150 ~ 2400	1 ~ 100	0.0001	0.5

5.2 实验方法及数据处理

将称量 10mg 的半焦与一定比例的稀土尾矿用研钵均匀混合 15min 后放入 Al_2O_3 坩埚,提前向热重分析仪通入(总气量 50mL/min)$N_2/O_2 = 4:1$,以 20℃/min 的升温速率由室温升至 1200℃,使半焦与稀土尾矿达到完全燃烧,当样品在热重分析仪内发生燃烧反应时,热重分析仪会自动绘制出样品随时间(温度)的失重、失重速率及吸放热量曲线。比较不同添加量的稀土尾矿对半焦燃烧特性和动力学参数的影响。实验工况见表 5.4。

表 5.4 实验工况

工 况	原 样	催 化 剂	添加量/%
1		无	0
2	半焦	稀土尾矿	2
3		稀土尾矿	5
4		稀土尾矿	10

在程序控温的条件下,根据燃烧样品的质量随时间(温度)的变化,通过热重分析仪可得出失重(TG)、失重速率(DTG)及吸放热量(DSC)燃烧特性曲线。图 5.2 所示为由 TG-DTG-DSC 曲线直接得到的燃烧特性参数,包括着火温度 T_i、燃尽温度 T_b、第一个最大失重速率$(dw/dt)_{max1}$、第一个最大失重速率对应的温度 T_{max1}、第二个最大失重速率$(dw/dt)_{max2}$、第二个最大失重速率对应的温度 T_{max2}、着火温度所对应时间 τ_i、燃尽温度所对应时间 τ_b、燃烧时间 τ。

根据 TG-DTG-DSC 曲线间接得到燃烧特性指标:综合燃烧特性指数 S_N,表明燃料燃烧着火和燃尽的综合指标,值越大燃烧特性越佳;可燃性指数 C,表明燃料燃烧前期反应能力;着火稳燃特性指数 R_w,值越大越稳定,表达式如下:

$$S_N = \frac{(dw/dt)_{max} \times (dw/dt)_{mean}}{T_i^2 \times T_b} \tag{5.1}$$

$$C = (dw/dt)_{max}/T_i^2 \tag{5.2}$$

$$R_w = 560/T_i + 650/T_{max} + 0.27 \cdot (dw/dt)_{max} \tag{5.3}$$

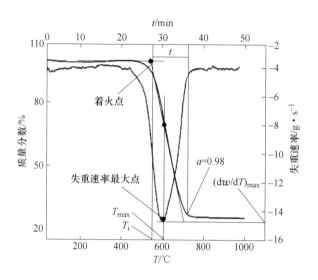

图 5.2　*TG-DTG-DSC* 特性参数

5.3　实验结果分析

5.3.1　稀土尾矿与半焦混燃燃烧特性的实验研究

图 5.3 和图 5.4 所示分别为不同添加量的稀土尾矿与半焦混燃的 *TG* 与 *DTG* 曲线。实验气氛采用 $N_2：O_2 = 4：1$，总气量为 50mL/min，以 20℃/min 的升温速率由室温升至 1200℃，稀土尾矿添加量分别选取 2%、5% 和 10%，研究不同添加比例的稀土尾矿对半焦燃烧特性参数的变化规律。

图 5.3 所示为不同添加量稀土尾矿与半焦混燃的 *TG* 曲线。由图 5.3 可以看出，半焦燃烧失重两次，第一次在 300℃前，质量损失 4%，主要由脱水引起；第二次在 300~600℃，质量损失 84%，由挥发分析出燃烧和固定碳燃烧引起。但 600℃后，*TG* 曲线趋于水平，表明煤粉燃尽，剩余一些难分解物质。随稀土尾矿不断增加，混煤的 *TG* 曲线向低温区移动，混煤的着火温度和燃尽温度逐渐降低，但燃尽温度降低明显，混煤的着火性能由易到难为：混煤（半焦 +5% 尾矿）> 混煤（半焦 +10%）> 混煤（半焦 +2%）> 半焦，着火温度和燃尽温度最大降低 9.6℃和 61℃。表明稀土尾矿对半焦起到了一定的催化燃烧作用。添加 5% 稀土尾矿时，催化效果最佳。但添加 10% 稀土尾矿后，催化效果减弱。稀土尾矿添加量增多会包裹在焦炭表面，不利于气体之间传输，增大扩散阻力，减弱了催化剂的催化作用。灰分存在于可燃物的表面，影响氧气向碳内部的扩散阻力；半焦孔隙结构较发达，利于挥发分在升温时迅速析出，煤颗粒结构出现空洞，使燃烧在颗粒的表面和内部同时反应，并且氧存在生成了许多的碳活性位点，在稀

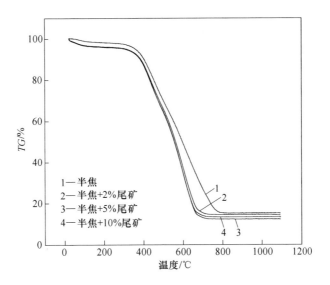

图 5.3 不同添加比例的稀土尾矿与半焦混燃的 *TG* 曲线

土尾矿的催化作用下，煤活性增强，促进氧从气相到碳表面的扩散，降低着火温度和燃尽温度，提高混煤的燃尽率。

图 5.4 所示为不同添加量稀土尾矿与半焦混燃的 *DTG* 曲线。由图 5.4 可知，半焦的 *DTG* 曲线出现双峰，且这两个峰有部分重叠，在 454.1℃时，出现第一个失重峰，由挥发分析出燃烧引起，在 597.8℃时，第二个失重峰出现，由固定碳燃烧引起，且第二个峰值比第一个大，因为半焦固定碳含量高于挥发分；当稀土

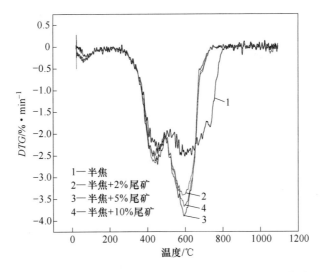

图 5.4 不同添加比例的稀土尾矿与半焦混燃的 *DTG* 曲线

尾矿与半焦进行混合燃烧时，*DTG* 曲线也出现双峰，且第二个失重速率比第一个失重速率大，随稀土尾矿添加比例增加，两个最大失重速率增加，对应温度不断降低，表明添加稀土尾矿促进半焦挥发分析出和固定碳燃烧，促进固定碳燃烧程度大于挥发分燃烧。当稀土尾矿添加比例由 2% 增加到 5% 时，两个最大失重速率分别增加 0.31%/min 和 1.37%/min，所对应温度分别降低 12.2℃ 和 2℃；燃烧时间缩短 3.74min。随燃烧过程不断进行，氧气沿途发生化学反应不断消耗，但氧气逐渐与碳接触，挥发分与固定碳同时燃烧，出现双峰。由于稀土尾矿添加比例增加，稀土尾矿所含有的金属氧化物和稀土氧化物含量增加，促进 CO、H_2 和 CH_4 的生成，这些成分与 O_2 快速发生反应，挥发分析出速率加快，燃烧反应剧烈，促进了固定碳反应进行；温度升高，半焦燃烧变成焦炭，不仅会析出 CO、C_2H_6 和 CH_4 等，而且随温度升高，焦炭本身密度增加，体积收缩，颗粒内部孔隙增多，热量在颗粒内部传播速度加快，表明稀土尾矿在一定程度上对半焦起到催化燃烧作用。稀土尾矿添加量与半焦燃烧性能有关，但并不是越多越好，添加量大，稀土尾矿包裹在焦炭表面，不利于气体之间传输，增加扩散阻力，减弱稀土尾矿的催化作用；添加量少，起不到催化作用。具体燃烧特性参数见表 5.5、表 5.6。

表 5.5　不同稀土尾矿添加量下半焦燃烧特性参数

添加量 /%	T_i /℃	T_b /℃	$(\mathrm{d}w/\mathrm{d}t)_{max1}$ /% · $\min^{-1}$	T_{max1} /℃	$(\mathrm{d}w/\mathrm{d}t)_{max2}$ /% · $\min^{-1}$	T_{max2} /℃
0	380.5	757.6	2.40	454.1	2.52	597.8
2	379.3	704.3	2.69	453.6	3.48	592.3
5	370.9	696.6	2.71	441.9	3.89	595.8
10	375.8	700.2	2.50	441.7	3.67	593.2

表 5.6　不同稀土尾矿添加量下半焦燃烧特性参数

添加量 /%	τ_i /min	τ_b /min	τ /min	$S_N \times 10^7$ /mg^2 · $\min^{-2}$ · ℃$^{-3}$	C /℃$^{-3}$	R_w /℃$^{-1}$
0	43.23	74.27	31.04	0.83	1.62×10^{-5}	2.22
2	42.58	79.60	37.02	1.05	1.87×10^{-5}	3.50
5	42.29	69.59	27.30	1.30	1.92×10^{-5}	3.61
10	42.93	71.51	28.58	1.17	1.82×10^{-5}	3.55

表 5.5 所示为不同添加量稀土尾矿与半焦混燃燃烧特性参数。由表 5.5 可以看出，随稀土尾矿添加比例增加，提前了半焦与稀土尾矿混燃的着火温度和燃尽温度所对应时间，缩短了燃烧时间，提高了混煤综合燃烧特性参数、可燃性指数和着火稳燃指数，其中，添加 5% 稀土尾矿后，稀土尾矿对半焦催化效果最佳，混煤的着火温度和燃尽温度对应时间分别提前 0.94min 和 4.68min，燃烧时间缩短 3.74min，综合燃烧特性参数、可燃性指数和着火稳燃指数分别增加 0.47mg²/（min²·℃³）、0.3×10⁻⁵/℃³ 和 1.39/℃。由此可知，添加稀土尾矿可改善半焦着火和燃尽特性，缩短燃烧时间，使着火更加容易，燃烧稳定。

5.3.2 稀土尾矿与半焦混燃动力学参数的影响

动力学参数主要包括活化能和指前因子。活化能用来判断活性中心的异同，指前因子用来求取活性中心的数目。根据 Coats-Redfern 模型对添加不同质量分数的稀土尾矿与半焦混合燃烧采用分段法进行动力学参数计算，求出混煤燃烧过程中的活化能、指前因子和相关系数。根据热分析动力学理论，反应动力学方程为：

$$\ln\left[\frac{-\ln(1-\alpha)}{T^2}\right] = \ln\left[\frac{AR}{\beta E}\left(1-\frac{2RT}{E}\right)\right] - \frac{E}{RT} \tag{5.4}$$

$$\frac{d\alpha}{dt} = A\exp(E/RT)f(\alpha)\int_0^\alpha \frac{d\alpha}{f(\alpha)} = \frac{A}{\beta}\int_0^T e^{-E/RT}dT \tag{5.5}$$

$$\alpha = \frac{m_0 - m_t}{m_0 - m_\infty} \qquad \beta = \frac{dT}{dt} \tag{5.6}$$

式中　α——转化率，%；

m_0——试样初始时刻的质量，mg；

m_t——t 时刻的质量，mg；

m_∞——反应终止时刻的质量，mg；

t——反应时间，min；

T——反应温度，K；

$f(\alpha)$——微分形式的动力学机理函数；

A——表观指前因子，min⁻¹；

E——表观活化能，kJ/mol；

R——摩尔气体常数，8.314J/（mol·K）；

β——升温速率，20℃/min。

将式（5.5）和式（5.6）代入式（5.4），两边分别从 0～α、0～T 积分：

设 $f(\alpha) = (1-\alpha)^n$，取反应级数 $n = 1$，根据 Coats-Redfern 积分法求近似

解，得：

通常情况下，$E/RT \geq 1$，所以 $\ln\left[\dfrac{AR}{E\beta}\left(1 - \dfrac{2RT}{E}\right)\right] = \text{constant}$，当 $n = 1$ 时，对 $1/T$ 作图，根据直线斜率和 $\ln\left[\dfrac{-\ln(1-\alpha)}{T^2}\right]$ 截距求出活化能和指前因子。

表 5.7 将稀土尾矿与半焦混燃的燃烧过程分为燃烧前期和燃烧后期，燃烧前期指着火温度到第一个失重峰结束为止，燃烧后期指第一个失重峰结束到残余质量不再发生变化。由表 5.7 可以看出，随添加稀土尾矿由 2% 增加到 10%，活化能降低，指前因子提高。添加 5% 稀土尾矿时，活化能最小，指前因子最高，燃烧前、后期活化能分别 44.68kJ/mol 和 35.16kJ/mol，指前因子分别为 2.24min^{-1} 和 3.62min^{-1}，相比于单独半焦，活化能分别降低 1.16kJ/mol 和 4.06kJ/mol，指前因子分别增加 0.15min^{-1} 和 1.95min^{-1}。图 5.5 和图 5.6 所示为升温速率为 20℃/min，不同添加量的稀土尾矿与半焦进行混燃燃烧前期和后期的线性拟合，发现相关系数 R^2 主要在 0.98600 ~ 0.99925，表明采用 $n = 1$ 来描述稀土尾矿与半焦混燃燃烧过程是合理的。

表 5.7　不同添加量的稀土尾矿与半焦混燃的动力学参数

添加量 /%	温度区间 $T/℃$	活化能 $E/kJ \cdot mol^{-1}$	指前因子 A/min^{-1}	相关系数 R^2
0	380 ~ 508	45.84	2.09	0.98600
	508 ~ 814	39.22	1.67	0.99858
2	379 ~ 488	45.20	2.26	0.99606
	488 ~ 653	37.49	1.74	0.99757
5	370 ~ 495	44.68	2.24	0.99563
	495 ~ 755	35.16	3.62	0.99925
10	375 ~ 492	46.69	2.13	0.99230
	492 ~ 660	38.26	1.03	0.98708

5.3.3　稀土尾矿与半焦混燃前后 XRD、SEM 和 EDS 比较

采用 X 射线衍射仪对单独半焦及添加 2%、5% 和 10% 稀土尾矿后半焦燃烧产物的微观结构进行分析，结果如图 5.7 所示。由图 5.7 可知，单独半焦燃烧后

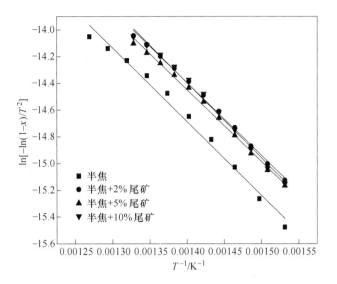

图 5.5 燃烧前期稀土尾矿与半焦混燃的动力学拟合曲线

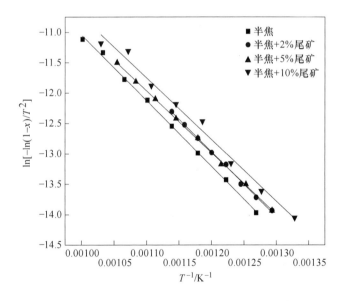

图 5.6 燃烧后期稀土尾矿与半焦混燃的动力学拟合曲线

晶相以 Fe_2O_3、CaO、$CaSO_4$ 和 SiO_2 为主，按最高衍射峰强度由强到弱为：$SiO_2 > CaSO_4 > CaO > Fe_2O_3$；而添加 2% 稀土尾矿后晶相组成发生变化，晶相主要包括 Fe_2O_3、CaF_2、$CaSO_4$、SiO_2 和 CaO，最高衍射峰强度由强到弱为：$SiO_2 > CaSO_4 > CaF > Fe_2O_3 > CaO$，相比单独半焦燃烧，$CaO$、$CaSO_4$ 和 SiO_2 所对应的最

高衍射峰强度分别降低 588、190 和 465，所对应角度变化很小，但 CaF$_2$ 的衍射峰出现，在 28.2473° 出现时，CaF$_2$ 的最高衍射峰强度为 1105，有可能是添加稀土尾矿后增加了 CaF$_2$；随着稀土尾矿添加比例的增加，燃烧产物的主要晶相没有变化，相比添加 5% 稀土尾矿，添加 10% 稀土尾矿后晶相成分没有发生变化。虽然，最高衍射峰强度和对应的角度不同，但 CaF$_2$、CaO 和 Fe$_2$O$_3$ 所对应的最高衍射峰强度和角度变化很小，说明稀土尾矿在改善半焦的过程中起到了催化作用。本实验中未检测到稀土元素，可能是由于稀土含量较少和检测仪器分辨率低，因此在接下来的实验中对不同添加量的尾矿进行扫描电镜和能谱分析。

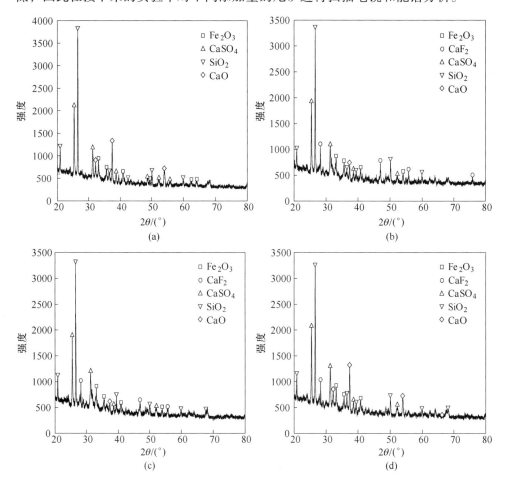

图 5.7　比较半焦及不同尾矿添加量下半焦燃烧产物的 XRD 图
（a）半焦；（b）半焦 +2% 尾矿；（c）半焦 +5% 尾矿；（d）半焦 +10% 尾矿

在 10kV 的工作电压下，采用 JSM-6510LV 扫描电镜对原半焦及添加 2%、5% 和 10% 稀土尾矿后的半焦燃烧产物进行微观形貌的分析，如图 5.8 所示。由

图 5.8　比较半焦及不同尾矿添加量下半焦燃烧产物的 SEM 图
（a）半焦；（b）半焦 +2% 尾矿；（c）半焦 +5% 尾矿；（d）半焦 +10% 尾矿

图 5.8 可以看出，单独半焦燃烧产物表面粗糙，出现小孔，产生小颗粒团聚在一起；随稀土尾矿不断增加，燃烧产物形态不断发生变化。添加 2% 稀土尾矿后，半焦燃烧产物呈小块状聚集成条状，出现熔融部分，但仍存在小孔和大孔，气体扩散阻力减小，扩散反应速度提高。添加 5% 稀土尾矿后，燃烧产物表面凹凸不平，颗粒之间产生层叠，孔隙变大，且大小均匀，表明稀土尾矿量增多，尾矿中所包含的催化成分也增多，促进晶体不断生长；同时尾矿可均匀分散在半焦表面，使气体与尾矿的接触面积变大，催化剂的活性位点增多，燃烧反应发生在焦炭表面和焦炭内部，燃烧反应剧烈，颗粒破碎次数增加，因此缩短了燃烧时间。添加 10% 稀土尾矿后，熔融状态明显，出现烧结现象，产物聚集成团，相对比

表面积变小，不利于气体传输，增加了气体传输扩散阻力，降低了反应活性；同时，部分稀土尾矿颗粒和燃烧后的灰分会进入半焦孔隙中阻断氧气的传递，进而阻碍燃烧，降低了对氧气的吸附能力和传递速率。由此可知，稀土尾矿添加量对半焦燃烧特性有一定的影响，并不是添加越多越好。比较半焦与不同温度下半焦燃烧产物的 EDS 图如图 5.9 所示。

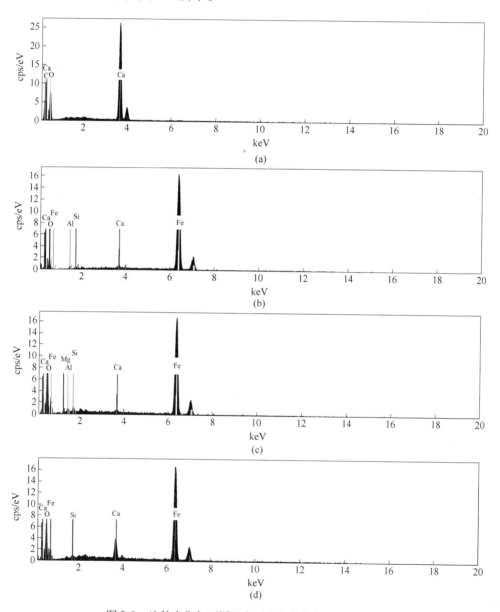

图 5.9　比较半焦与不同温度下半焦燃烧产物的 EDS 图

（a）半焦（未燃前）；（b）半焦（850℃）；（c）半焦（900℃）；（d）半焦（950℃）

从图 5.9（a）可以看出，反应温度为 1200℃时，半焦燃烧产物析出主要包括 Ca 和 Fe；从图 5.9（b）可以看出，添加 5% 稀土尾矿后，燃烧产物主要包括 Ca、Fe、Ce 和 La，比半焦燃烧产物中多了 La 和 Ce。根据能谱所测数据：半焦燃烧产物中 Ca 和 Fe 的析出率分别为 6.3% 和 6.4%，总共为 12.70%，而添加 5% 稀土尾矿燃烧产物中 Ca、Fe、La 和 Ce 的析出率分别为 8.08%、5.49%、15.93% 和 25.57%，表明添加稀土尾矿后增加具有催化特性的 La 和 Ce，与煤中含氧官能团形成 $CO-M^+$，加速生成自由氧，由于金属离子的供电子效应，迫使煤中芳香碳与脂肪碳裂解，形成 CO，同时脱氢缩聚反应产生 H_2，H_2 和 CO 会快速与 O_2 发生接触，温度升高，挥发分析出越迅速，燃烧反应越剧烈，加速脱碳反应的进行，降低燃烧反应活化能，加快燃烧速率，燃烧时间缩短，促进化学反应进行。

5.4 本章小结

为探索循环流化床锅炉内稀土尾矿对半焦燃烧生成 NO_x 的影响，首先采用热重分析仪研究 2%、5% 和 10% 的稀土尾矿对半焦燃烧特性的影响，并根据 Coats-Redfern 模型对不同添加量的稀土尾矿与半焦混燃燃烧过程进行动力学参数的计算，结合 X 射线衍射仪、扫描电镜及能谱分析仪表征手段对燃烧产物进行分析，主要结论如下：

（1）添加稀土尾矿可改善半焦燃烧特性。添加 5% 稀土尾矿时，稀土尾矿对半焦催化效果最佳，混煤着火温度和燃尽温度分别降低 9.6℃ 和 61℃，燃烧时间缩短 3.74min，两个最大失重速率分别增加 0.31%/min 和 1.37%/min，所对应的温度分别降低 12.2℃ 和 2℃，综合燃烧特性参数、可燃性指数和着火稳燃指数分别增加 0.47$mg^2/(min^2 \cdot ℃^3)$、$0.3 \times 10^{-5}℃^{-3}$ 和 1.39$℃^{-1}$。表明添加稀土尾矿后可降低半焦的着火温度和燃尽温度，缩短燃烧时间，加快燃烧速率，提高可燃性指数、着火稳燃指数和综合燃烧特性指数。

（2）根据 Coats-Redfern 模型对稀土尾矿与半焦混燃动力学物参数进行计算，在整个燃烧过程中，添加稀土尾矿可降低半焦活化能和提高指前因子。添加 5% 稀土尾矿后，燃烧前期和燃烧后期活化能分别降低 1.16kJ/mol 和 4.06kJ/mol，指前因子分别增加 0.15min^{-1} 和 1.95min^{-1}，相关系数 R^2 的范围在 0.98600 ~ 0.99925，表明采用 $n=1$ 来描述混燃燃烧过程是可行的。

（3）通过采用 XRD、SEM 及 EDS 表征手段对半焦与稀土尾矿混燃前后燃烧产物进行分析发现，单独半焦燃烧产物表面粗糙，出现小孔，产生小颗粒团聚在一起；添加稀土尾矿后燃烧产物表面凹凸不平，小块状聚集成条状，颗粒之间相互重叠，出现熔融部分，但仍会有小孔和大孔产生，相对比表面积和孔隙变大，有利于半焦对 NO_x 吸附。单独半焦燃烧后晶相以 Fe_2O_3、CaO、$CaSO_4$ 和 SiO_2 为主，按最高衍射峰强度由强到弱为：$SiO_2 > CaSO_4 > CaO > Fe_2O_3$；而添加稀土尾矿后晶相组成发生变化，晶相主要包括 Fe_2O_3、CaF_2、$CaSO_4$、SiO_2 和 CaO 为主。根据所测能谱数据，半焦燃烧产物 Ca 和 Fe 的总析出率为 12.70%，添加稀土尾矿燃烧产物中 Ca、Fe、La 和 Ce 的析出率分别为 8.08%、5.49%、15.93% 和 25.57%，表明添加稀土尾矿后燃烧产物中含有具有良好催化特性的 Ca、Fe、La 和 Ce，为煤粉的燃烧提供足够的氧气，加速燃烧，对半焦燃烧起到一定的催化助燃作用。

6 稀土尾矿对半焦 NO$_x$ 生成特性的实验研究

第 5 章采用热重法发现稀土尾矿可以改善半焦燃烧特性、降低活化能、提高指前因子。本章将白云鄂博稀土尾矿（RET）与包钢 4 号高炉喷吹半焦（s）进行混燃，分别从稀土尾矿添加量、反应温度、尾矿粒径三个方面研究稀土尾矿对半焦燃烧 NO$_x$ 排放的影响，不仅希望降低半焦燃烧 NO$_x$ 排放量，而且希望利用稀土尾矿有用资源，为稀土尾矿的利用提供新思路，进一步提高循环流化床炉内脱硝。

6.1 实验部分

6.1.1 实验原料

实验原料选自包钢 4 号高炉喷吹半焦（s），每次称量 10mg 左右，经球磨机破碎、研磨和标准筛筛取获得所需粒度，具体成分见表 5.1。稀土尾矿的主要成分见表 5.2。

在 10kV 工作电压下，采用 JSM–6510LV 扫描电镜对放大倍数 1000 倍的半焦和稀土尾矿进行微观形貌比较，结果如图 6.1 所示。半焦呈不规则性，分散成小块状，棱角尖锐、表面致密、无孔、不光滑；稀土尾矿表面近似成球形，凹凸不平。

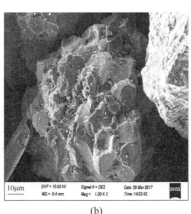

(a)　　　　　　　　　　　　　　　(b)

图 6.1　半焦和稀土尾矿的 SEM 图比较

（a）半焦的 SEM 图；（b）稀土尾矿的 SEM 图

6.1.2 实验装置原理及主要设备

实验装置如图 6.2 所示，实验仪器主要由混气箱、立管炉、傅里叶红外光谱烟气分析仪及计算机数据采集系统组成。

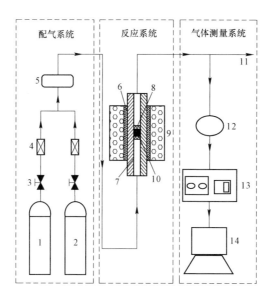

图 6.2 实验装置示意图

1—N_2 气瓶；2—O_2 气瓶；3—减压阀；4—流量计；5—混气箱；6—热电偶；7—电阻丝；
8—石棉网；9—保温层；10—样品；11—排空；12—过滤器；
13—烟气分析仪；14—计算机

6.2 实验方法及数据处理

本试验所用 0.1g 半焦（s）和一定比例的稀土尾矿（RET）进行混合燃烧，半焦和稀土尾矿的具体成分见表 5.1 和表 5.2。试验采用 N_2/O_2（4∶1）气氛，总气量 200mL/min。实验方法：将立管炉以 10℃/min 的升温速率从室温加热到试验所需温度，提前通入 30min 空气，待傅里叶红外光谱烟气分析仪上示数稳定，将样品迅速放入刚玉管加热恒温区，半焦与稀土尾矿混燃后生成的气体通过傅里叶红外光谱烟气分析仪进行在线测量，主要研究稀土尾矿添加量、反应温度、稀土尾矿粒径对半焦燃烧生成 NO_x 的影响，实验工况见表 6.1。

由于工况不同，半焦与稀土尾矿混燃燃烧时间不同，所以对混燃燃烧过程中瞬时生成的 NO_x 浓度进行积分，添加稀土尾矿引起的 NO_x 排放量的变化率定义为：

$$\eta_{NO_x} = \frac{V_s - V_{RET}}{V_s} \times 100\% \qquad (6.1)$$

式中，V_{RET} 为添加稀土尾矿后半焦燃烧释放 NO_x 的排放量；V_s 为单独半焦燃烧释放 NO_x 的排放量。

表 6.1 实验工况

变 量	参 数
温度/℃	850、900、950
粒径/目	150 ~ 180、180 ~ 200、250 ~ 280
添加剂质量比/%	0、10、30、50

当 NO_x 变化率为正值时，表明添加稀土尾矿抑制半焦燃烧释放 NO_x；当 NO_x 变化率为负值时，表明添加稀土尾矿促进半焦燃烧释放 NO_x。

6.3 实验结果分析

6.3.1 稀土尾矿添加量对半焦 NO_x 生成的影响

图 6.3 所示为温度在 850℃时，稀土尾矿添加量对半焦燃烧生成 NO_x 排放的影响。由图 6.3（a）可以看出，随燃烧反应不断进行，NO_x 浓度呈现先上升后下降的趋势，中间出现一个峰值；随稀土尾矿添加比例提高，NO_x 排放浓度不断下降。当稀土尾矿添加量为 50% 时，半焦燃烧释放 NO_x 浓度最低。由图 6.3（b）可以看出，稀土尾矿添加半焦后，NO_x 的变化率呈负值，表明稀土尾矿能够抑制半焦 NO_x 的排放。当稀土尾矿添加量为 50% 时，NO_x 峰值浓度和排放量分别降低了 144.71×10^{-6} 和 37.91%。由此得出：添加稀土尾矿可降低半焦 NO_x 排放，在所研究的添加比例范围内，随稀土尾矿添加比例变大，半焦燃烧释放 NO_x 浓度降低。

气体释放的原因可能为，稀土尾矿与半焦混燃后生成气体主要包括 CO、CH_4、C_2H_4、C_2H_6、HCN，如图 6.4 表示。稀土尾矿以金属氧化物（CaO、Fe_2O_3）和稀土氧化物（CeO_2、La_2O_3）为主，稀土氧化物（CeO_2、La_2O_3）受热分解出 Ce^{4+} 和 La^{3+} 离子，具有空位、晶格畸变的特征，与煤中含氧官能团形成 $CO-M^+$，加速生成自由氧，由于金属离子的供电子效应，迫使煤中芳香碳与脂肪碳裂解，形成 CO，同时脱氢缩聚反应产生 H_2，H_2 和 CO 随添加量增加而增多，加速对 NO 的还原。稀土尾矿添加比例增加，金属氧化物和稀土氧化物含量增

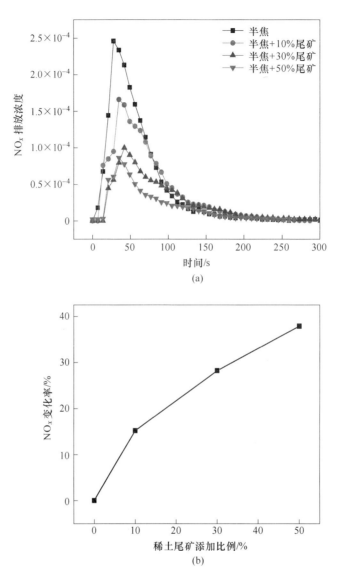

图 6.3　稀土尾矿添加量对半焦燃烧生成 NO$_x$ 的影响

（a）NO$_x$ 排放浓度随尾矿添加量的变化；（b）NO$_x$ 变化率随尾矿添加量的变化

多，促进挥发分气体对 NO 的均相还原，反应方程式如下：

$$2CO + 2NO \xrightarrow{RET} N_2 + 2CO_2 \qquad (6.2)$$

$$CH_4 + 4NO \xrightarrow{RET} 2N_2 + CO_2 + 2H_2O \qquad (6.3)$$

$$C_2H_4 + 6NO \xrightarrow{RET} 3N_2 + 2CO_2 + 2H_2O \qquad (6.4)$$

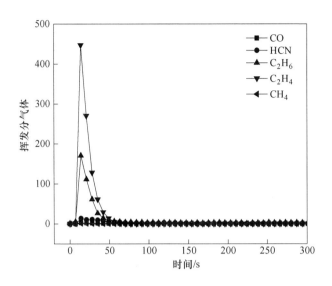

图 6.4 燃烧过程中主要气体的释放

$$2C_2H_6 + 14NO \xrightarrow{\text{RET}} 7N_2 + 4CO_2 + 6H_2O \qquad (6.5)$$

$$2NO + 2HCN \xrightarrow{\text{RET}} 2N_2 + 2CO + H_2 \qquad (6.6)$$

循环流化床锅炉密相区的燃烧表现为欠氧燃烧状态，而且在密相区有大量的CO 产生，在稀土尾矿的催化作用下，促进 CO 对 NO 的均相催化反应，从碳颗粒在床内分布分析，由于气体流速较高，床料粒度较细，扬析到稀相区的物料量增多，密相区碳颗粒在床内所占比例降低，减弱焦炭对 NO 的异相还原。因此，添加稀土尾矿降低半焦 NO_x 排放，以 CO 对 NO 的均相还原为主。

6.3.2 反应温度对半焦燃烧 NO_x 生成的影响

图 6.5 所示为半焦粒径 150 ~ 180 目，在 850℃、900℃和 950℃时，稀土尾矿对半焦燃烧生成 NO_x 排放的影响。由图 6.5 （a）可以看出，在相同温度下，添加稀土尾矿可降低 NO_x 排放浓度和峰值浓度，温度升高，NO_x 峰值浓度不断降低，相比于 850℃时，半焦燃烧释放 NO_x 浓度降低 145.10×10^{-6}，在 900℃和950℃时，半焦出现双峰。表明加入稀土尾矿促进挥发分 N 和焦炭 N 分离。燃烧初期，氧气浓度充足，有利于挥发分氮氧化生成 NO_x，随着燃烧不断进行，氧量急剧降低，焦炭氮生成的 NO_x 逸出速度减缓，出现双峰。由图 6.5 （b）可以看出，950℃时，添加稀土尾矿可使 NO_x 排放量降低 37.35%。在 850 ~ 950℃范围内，温度升高，气体扩散速率增加，有利于气固混合，密相区燃烧份额增加，温度升高，促进化学反应速率，加强挥发分气体对 NO_x 的均相还原，降低半焦 NO_x 释放。

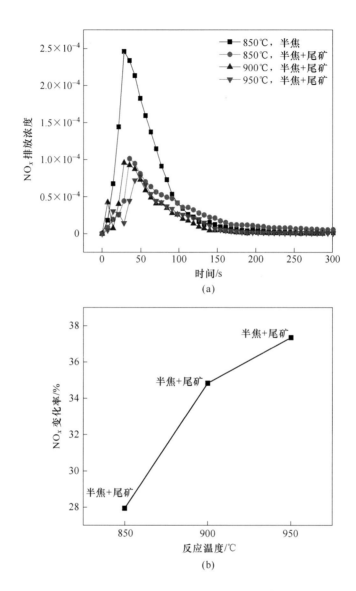

图 6.5　反应温度对半焦燃烧生成 NO$_x$ 的影响

（a）NO$_x$ 排放浓度随反应温度的变化；（b）NO$_x$ 变化率随反应温度的变化

6.3.3　尾矿粒径对半焦燃烧 NO$_x$ 生成的影响

图 6.6 所示为半焦粒径 150～180 目，选取 150～180 目、180～200 目、250～280 目稀土尾矿粒径，对半焦燃烧生成 NO$_x$ 排放的影响。由图 6.6（a）可以看出，稀土尾矿粒径越细，半焦燃烧生成的 NO$_x$ 排放浓度和峰值浓度越低，峰

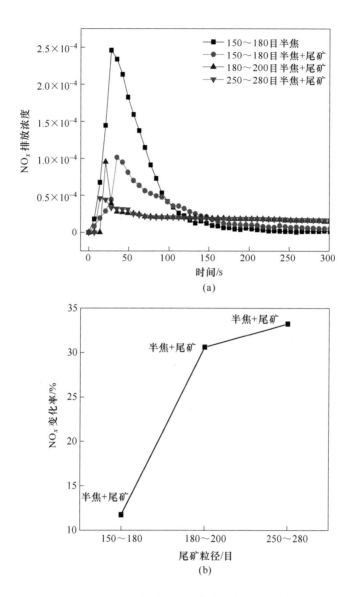

图 6.6 尾矿粒径对半焦燃烧生成 NO_x 的影响

(a) NO_x 排放浓度随稀土尾矿粒径的变化；(b) NO_x 变化率随稀土尾矿粒径的变化

值提前，相比 150~180 目稀土尾矿与半焦混燃，250~280 目稀土尾矿与半焦混燃生成的 NO_x 峰值浓度降低 2.1001×10^{-4}。由图 6.6 (b) 可以看出，随稀土尾矿粒径变细，NO_x 排放量最大降低 33.24%。尾矿粒径变细，半焦燃烧释放 NO_x 降低的原因如下：根据第 5 章能谱仪测出半焦与稀土尾矿混燃燃烧产物中包括 Ca、Fe、La 和 Ce，这些活性成分均可促进煤粉挥发分析出，使煤粉燃点和燃烧速率分别降低和升高，加强 O_2 与焦炭提前接触。粒径越细，与半焦表面接触越大，循环流化床锅炉密相区处于还原气氛，大量 CO 存在，在稀土尾矿的催化作用下，降低 CO 与 NO 反应活化能，降低 CO 与 NO 燃烧反应所需温度，促进 CO 与 NO 的还原。

6.4 本章小结

采用立管炉研究稀土尾矿对半焦燃烧生成 NO_x 的影响，考察稀土尾矿添加量、反应温度和尾矿粒径对半焦 NO_x 排放特性的影响，主要结论如下：

（1）添加稀土尾矿能够降低半焦 NO_x 排放。随燃烧反应不断进行，NO_x 浓度呈现先上升后下降的趋势，中间出现一个峰值，随稀土尾矿添加比例提高，NO_x 排放浓度不断下降。添加量由 10% 增加到 50% 时，半焦燃烧释放的 NO_x 峰值浓度和排放量分别降低。相比于单独半焦燃烧，添加 50% 稀土尾矿后，NO_x 峰值浓度和排放量分别降低 1.4471×10^{-4} 和 37.91%。

（2）在 850~950℃ 范围内，温度对稀土尾矿催化半焦 NO_x 影响更加明显，850℃ 时，添加稀土尾矿可降低半焦 NO_x 排放；随温度升高，NO_x 峰值浓度降低，在 900℃ 和 950℃ 时，半焦出现双峰，表明稀土尾矿促进挥发分 N 和焦炭 N 分离。相比于 850℃ 半焦与稀土尾矿混燃，950℃ 时混燃煤粉的 NO_x 峰值浓度和排放量分别降低 1.451×10^{-4} 和 37.35%。

（3）在所选的三个粒径范围内，稀土尾矿粒径粗细也会对 NO_x 的生成有显著影响。稀土尾矿粒径变细，半焦燃烧释放 NO_x 的排放量降低，且峰值提前。相比于 150~180 目稀土尾矿与半焦混燃，250~280 目稀土尾矿与半焦混燃生成的 NO_x 峰值浓度和排放量分别降低 210.01×10^{-6} 和 33.24%，细粒径可以加强尾矿抑制 NO_x 排放。

（4）稀土尾矿可降低半焦燃烧释放 NO_x 的原因主要是稀土尾矿（金属氧化物和稀土氧化物）的催化作用促进了 CO 对 NO 的均相还原反应。本实验以循环流化床锅炉密相区半焦燃烧为研究对象，该区域通常属于还原性气氛，密相区有大量的 CO 产生，在稀土尾矿的催化作用下，可降低 CO 和 NO 反应活化能，增加 CO 与 NO 的接触几率，提高 CO 与 NO 的燃烧速率，提高 CO 对 NO_x 的均相还原能力，起到催化作用，从而降低半焦 NO_x 排放，提高循环流化床炉内脱硝。

7 稀土尾矿催化半焦还原 NO 的性能研究

本章根据稀土尾矿的矿物组成和工艺矿物学分析，对稀土尾矿里的赤铁矿单体和氟碳铈矿单体建立物理模型，分别研究铁基氧化物、铈基氧化物、铈铁氧化物不同类型的催化剂催化半焦还原 NO 的性能。通过固定床反应器研究评价条件，如反应温度、氧气含量、催化剂配比等实验条件，对催化脱硝活性的影响，对比不同类型催化剂对半焦催化脱硝活性的影响，从而找出白云鄂博稀土尾矿催化活性的影响因素，以及稀土尾矿中具有催化脱硝活性的主要矿物成分。

7.1 研究方法

7.1.1 实验装置与样品

半焦作为低阶煤的热解产物在冶金工业有广泛的应用，本实验选取半焦作为实验样品，样品来自包钢生产现场。实验样品的工业分析、元素分析见表 5.1。样品用标准筛筛分，粒度范围选取 150 ~ 180 目。

本章采用的稀土尾矿来自于包头市白云鄂博尾矿坝，经过干燥后过标准筛，筛选出粒径 120 ~ 150 目之间的尾矿，每次实验时称取 0.5g 置于反应器中。稀土尾矿的化学组成见表 7.1。

表 7.1　稀土尾矿的化学组成　（%）

组成	Al_2O_3	SiO_2	MgO	Fe_2O_3	CaO	K_2O	TiO_2	Na_2O	Li_2O
Re	1.55	12.87	4.416	11.32	28.44	0.711	0.67	1.40	0.010

组成	ZnO	MnO_2	PbO	CeO_2	La_2O_3	Nd_2O_3	BaO	ZrO	NbO
Re	0.088	2.30	0.057	2.96	1.46	0.81	4.25	0.59	0.16

该实验系统包括四部分：供气装置、温度控制装置、固定床反应器、烟气分析装置。供气系统可以提供 N_2、O_2、CO、NO 这四种气体，然后通过流量显示仪控制气体的流量。最终通入的气体在混气箱混合后，由管路进入固定床反应器与其中的实验原料进行反应。温控系统能够保证本次试验在所需的温度内进行，最

后通过烟气分析仪检测反应过后的 NO、N_2O 等气体的浓度。

四路气体（O_2、N_2、CO、NO）经由反应气体钢瓶供气，直径以 3mm 的不锈钢管路连接，经过流量计由供气系统混合形成模拟烟气，其中 N_2 为平衡气，气体流量通过 D08-4E 型流量计控制。模拟烟气进入立式管式炉之前要先经过混合器混合，各种气体应均匀混合，确保进气浓度稳定。该混气装置拥有 4 路进气，分别连接 N_2、O_2、CO、NO 气体管道，并且拥有 4 个独立的显示器，可以精确控制本实验中的进气量，而且可以直观显示进气量，调节方便，能够快速地根据实验的要求做出准确的气体调节。该装置进气量稳定，不存在漏气等进气量不稳的状态，可保持流量长时间不变，提高了实验数据的准确性，减小了实验的误差。

立式管式炉的热电偶位于炉体的中下部，温度控制器位于管式炉左下角，温度的控制精度为 ±1K，可以准确设定控制时间温度的步骤，其中恒温段在 10cm 左右，石英玻璃管的高度为 100cm。混合气体由供气系统从反应器的下部通入炉体，参与反应后从上部出来进入烟气分析系统。

烟气分析系统是由 GASMET 公司生产的 DX-4000 型具有强大分析能力的傅里叶变换红外光谱仪组成。该仪器可以同时分析红外具有吸收的气体，傅里叶红外烟气分析仪可以通过传感器同时分析监测 CO、NO、CO_2、NO_x 等气体。终端与计算机连接相连，可以实时记录数据，采样时间可以自己设定。本节在催化 CO 还原 NO 的实验中每隔 5s 自动记录一次数据，在半焦还原 NO 的实验中 20s 自动记录一次数据。

7.1.2　实验方法及数据处理

采用立式管式加热炉研究催化半焦脱硝性能，石英玻璃管的尺寸为直径 12mm，称量半焦 0.2g，稀土尾矿催化剂 0.1g，半焦与催化剂混合均匀铺在石英棉上，催化剂填料高度 10mm，上面再塞入一层石英棉。实验在实际烟气情况下，研究了尾矿催化剂催化半焦还原 NO 的效率。实际烟气气体成分与前面所述一致，改变 O_2 浓度（0%、2%、4%、5%、6%、8%、10%）、温度（600℃、700℃、800℃），考察不同温度和氧气浓度下的催化剂催化脱硝的能力，检测催化剂在脱硝过程中的催化能力，找到最佳的反应温度和 O_2 含量下的脱硝效率。

催化剂性能的检测，主要是对进气气体成分与出气气体成分进行分析，其中 CO 量、NO 量、NO_2 量、NO_x 总量和 N_2 选择性是主要分析对象。本次实验温度设为 600～800℃，总气量为 500mL/min，NO 浓度为 580×10^{-6}，检测在该条件下半焦和稀土尾矿的脱硝效率。

催化剂脱硝性能的检测以 NO 的转化率为准，其中 NO 转化率的计算公式为：

$$NO_{conversion} = \left(1 - \frac{[NO_x]_{out}}{[NO_x]_{in}}\right) \times 100\% \tag{7.1}$$

N_2 选择性的计算公式为：

$$N_{2\text{selectivity}} = \left(1 - \frac{2[N_2O]_{\text{out}}}{[NO_x]_{\text{in}} - [NO_x]_{\text{out}}} \right) \times 100\% \tag{7.2}$$

7.1.3 稀土尾矿中单体矿相的物理模型

白云鄂博矿床矿物种类繁多，已发现 170 多种矿物，含有 73 中元素，白云鄂博矿石首先是作为铁矿石开采的，后来从中回收了稀土。其中铁的氧化物有磁铁矿、赤铁矿、假象赤铁矿、褐铁矿等，是该矿床主要铁矿物，其中 72% 左右的铁存在于赤铁矿中，其他铁存在于磁铁矿、褐铁矿、黄铁矿、黑云母等矿物中。白云鄂博矿中的稀土矿物以独居石、氟碳铈矿为主，95% 以上的稀土分布于氟碳铈矿为主的氟碳酸盐和独居石中，在其他矿物中的分布量很少。

根据稀土尾矿中矿物单体解离度及连生关系，萤石在稀土尾矿中的解离度较高，铁矿物在各粒级中很少出现完全解离的单体，大部分颗粒对铁矿物的解离度低于 20%；稀土矿物则在细粒级中更多以单体形式存在，因此将稀土尾矿中的矿相分为单体解离矿相和连生体矿相两类。其中单体解离矿相包含铁矿物、稀土矿物、萤石等矿物，根据前面的文献调研分析，其中具有高温催化脱硝活性的金属氧化物主要为过渡金属氧化物和稀土金属氧化物。即稀土尾矿中具有催化脱硝活性的矿物为铁矿物和氟碳铈矿。

白云鄂博稀土尾矿中含铁矿物主要为赤铁矿（Fe_2O_3），76% 左右的铁存在于赤铁矿中，其他铁存在于磁铁矿、褐铁矿、黄铁矿等矿物中。赤铁矿的主要含铁矿物为 Fe_2O_3，其中铁占 70%，氧占 30%，常温下呈弱磁性。白云鄂博矿通过磁选工艺进行选铁，铁矿石经磁选得到铁精矿，主要成分为磁铁矿；同时产出磁选尾矿，主要成分为赤铁矿。

稀土尾矿中稀土元素主要赋存在氟碳铈矿和独居石中。稀土尾矿中独居石的质量分数为 2.74%，独居石的化学组成为磷酸稀土，化学式为 $REPO_4$，属于轻稀土型，主要以铈为主，热稳定性好，高温下不具有催化活性。氟碳铈矿为铈氟碳酸盐矿物，常和一些含稀土元素的矿物生在一起，如褐帘石、硅铈石、氟铈矿等。是具有重要工业价值的铈族稀土元素（轻稀土）矿物，属氟碳酸盐类型。稀土尾矿中氟碳铈矿的含量为 4.5%，氟碳铈矿是稀土的氟碳酸盐矿物，其化学式可表示为 $ReFCO_3$，其中 ReO 的质量分数为 74.77%，主要含铈族稀土，氟碳铈矿受热易分解，生成稀土氧化物 ReO。根据氟碳铈矿的化学成分分析，氟碳铈矿与过渡金属 Fe、碱土金属（Ca，Ba）、碱金属（K，Na）等元素共生，根据前面的文献分析，具有高温催化脱硝活性的金属氧化物主要为过渡金属氧化物和稀土金属氧化物，所以对氟碳铈矿分解后的矿相建立物理模型主要针对掺杂铁的铈铁复合氧化物 $(Ce\text{-}Fe)O_x$。

7.2 半焦直接还原 NO 性能实验

实际的烟气成分非常复杂,存在着多种气体,本节首先利用半焦在有氧的条件下产生 CO 气体,模拟的是一种简化的实际烟气气氛,利用催化剂催化半焦产生的 CO,还原 NO,最终实现脱硝的目的。由于 O_2 含量的不同,反应过程中生成的 CO 的量也不尽相同,温度也是影响 CO 生成量的重要因素。因此对于催化半焦脱硝过程中的 CO 生成量进行分析研究很有必要。

图 7.1 所示为 700℃时不同 O_2 浓度状况下 CO 的生成量。如图 7.1 所示,在 0~8% 的 O_2 含量范围内,先做了一组 O_2 为 0% 的空白对照实验。随着 O_2 浓度的增加,CO 缓慢增加。15min 左右半焦的挥发分基本析出,CO 浓度降低逐渐降低。当 O_2 浓度为 8% 时,半焦很快析出挥发分,并与 O_2 迅速反应生成 CO,在 5min 左右达最高峰,随后逐渐降低。氧气含量越高,CO 生成越快,甚至可以把 CO 氧化为 CO_2。利用 CO 直接还原 NO 的效果并不明显,只有在催化剂的条件下才有显著的效果。

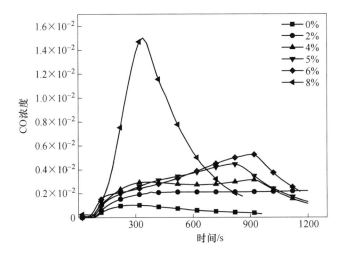

图 7.1 不同 O_2 含量条件下 CO 的生成量

7.2.1 温度对半焦还原 NO 性能的影响

该实验在实际烟气情况下,研究了在 O_2 浓度为 5% 的工况下不同温度对半焦脱硝效率的影响。以半焦为原料,在温度为 700℃,气体总流量为 500mL/min,NO 浓度为 5.8×10^{-4} 条件下,进行半焦直接脱硝脱硝实验研究,考察半焦在不同温度(600℃,700℃,800℃)下对脱硝性能的影响。温度是影响反应过程的重要因素,半焦对于温度的变化特别敏感,适当的温度会改变半焦的内部结构和理化性质，使其变得疏松，多孔更容易吸附，有利于为脱硝过程提供更多的反应空间。大的比表面积为 NO 的还原和生成 C(O) 络合物提供了反应场所。一定氧气浓度下温度越高，半焦析出 CO 的速率越快；但是温度过高可能会使其直接燃烧，迅速氧化生成 CO_2。

图 7.2 所示为温度对半焦脱硝过程中 NO_x 浓度变化的影响，由图 7.2 可以看出，半焦在参与脱硝的过程中，随着温度的增加 NO_x 浓度先降后升。在整个反应中，NO_x 浓度都是逐渐减低，待反应完全后其又恢复到原来的浓度。在 700℃ 时减到最低值 2.3924×10^{-4}，达到最高的脱硝效率。

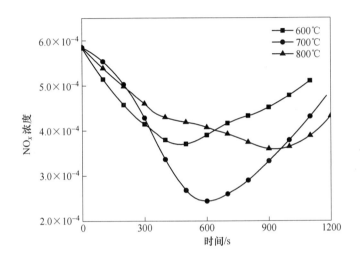

图 7.2 温度对半焦脱硝过程 NO_x 浓度变化

图 7.3 所示为温度对半焦脱硝效率的比较曲线，由图可以看出，煤焦在 600~800℃ 时还原 NO 的能力随温度的升高先增大随后减小。在 700℃ 时可以达到最佳的脱硝率，脱硝率为 58%。较高的温度促使 C(O) 官能团以 CO 和 CO_2 的形式分解，产生更多的活性位，促进碳还原氮氧化物。在较高温度，CO_2 生成量很少，相反 CO 的量急剧增加，这是由于高温使 CO_2 与 C 反应生成 CO，CO 进而和 NO 反应，提高脱硝能力。比较 600℃ 和 800℃ 时的性能曲线，两者的脱硝效率相差不大，均在 35% 左右。

7.2.2 O_2 含量对半焦还原 NO 性能的影响

本节以半焦为原料，在温度为 700℃，气体总流量为 500mL/min，NO 浓度为 5.8×10^{-4} 的条件下，进行半焦直接脱硝实验研究。实际烟气中有氧的存在，这里模拟一种简化的实际烟气成分，考察一定温度下不同 O_2 含量（0%、5%、8%、10%）工况对催化半焦脱硝性能的影响。

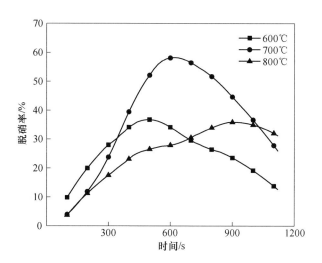

图 7.3　温度对半焦脱硝效率比较

图 7.4 所示为半焦直接还原 NO 在不同 O_2 含量工况下的 NO_x 浓度随时间的变化。由图 7.4 可以看出，一定温度下随氧气浓度增加 NO_x 浓度逐渐减小，随后又上升。其中 5% 的含氧量可以使 NO_x 浓度降低至 2.3924×10^{-4}，降低至最低浓度，达到最佳的脱硝效率，这与图 7.5 脱硝效率的性能曲线一致。

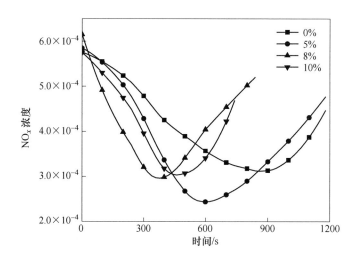

图 7.4　半焦在不同 O_2 含量时的 NO_x 浓度曲线

图 7.5 所示为半焦直接脱硝过程中不同 O_2 含量工况下的脱硝性能曲线。综合考虑图 7.4、图 7.5 的高低变化趋势，从图可以看出，提高烟气中的 O_2 含量对

半焦直接脱硝具有明显的促进作用。比较含氧量 5% 与 0 的脱硝实验曲线可以看出，零氧量脱硝效率 44.88%，5% 的含氧量脱硝率可达到 56.77%，有氧条件下能够快速缩短反应时间。一定温度下，随着 O_2 含量的增加半焦的脱硝效率呈现先增加后减小的变化趋势。结果表明，5% 含氧量的半焦欠氧燃烧可以显著提高脱硝效率，氧含量过低，发生化学反应时间缓慢，脱硝效率较低；氧含量过高时会迅速将半焦气化产生 CO，反而抑制了碳直接脱硝性能。随着半焦燃烧进行，半焦表面化合物开始分解为 CO 和 CO_2，反应在 5min 左右基本可以达到最高的脱硝效率，随后半焦基本燃尽，脱硝效率降低。碳直接还原 NO 反应作为异相反应，在碳原子表面发生物理吸附和化学反应；生成中间产物 C(O) 官能团。适当的氧气浓度能明显提高半焦表面的 C(O) 官能团，增加热力学稳定的 C-O 官能团在半焦内的数量，从而提高半焦脱硝效率。

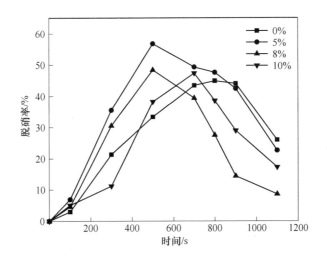

图 7.5 半焦在不同 O_2 含量的脱硝性能曲线

在半焦直接还原 NO 的反应中，质量为 0.2g 的半焦在不同氧气含量的条件下直接还原 NO，脱硝效率同时受温度和氧含量的影响。随着温度的升高脱硝效率不断上升；但是高温时半焦热解剧烈，脱硝效率反而不是很高。随着氧气含量增加半焦脱硝效率也上升；但是氧含量过高时，会增加半焦氧化为 CO 的量，较低的氧含量虽然可以增加脱硝反应时间，却无法提高效率。

半焦在 600℃、700℃ 和 800℃ 时在相同氧浓度条件下 700℃ 的催化脱硝最佳，最佳脱硝效率达 58.6%。对比各个相同氧浓度下的催化脱硝效率，700℃ 比 800℃ 和 600℃ 脱硝效率高出 10% 以上。同一半焦质量条件下，在同一温度条件下半焦催化脱硝效率最高的是含有 5% 氧浓度的脱硝。在温度为 700℃、氧含量为 5% 的条件下脱硝效率最高，可以达到 58.65%。

7.3 稀土尾矿催化半焦还原 NO 性能实验

本部分实验将 0.2g 半焦与 0.1g 稀土尾矿混合均匀倒入管中，轻轻铺满装有石英棉的玻璃管中，填料高度为 1cm，再塞入一层石英棉，两者间隔 3cm，气体成分 NO 为 5.8×10^{-4}，N_2 为平衡气，研究了 700℃、5% 的 O_2 含量条件下稀土尾矿对催化半焦还原 NO 的性能。

图 7.6 所示为 NO_x 浓度随时间的变化曲线，从图 7.6 可以看出，稀土尾矿催化半焦脱硝比单独的半焦脱硝过程中的 NO_x 浓度变化更大。图 7.7 所示为同样条

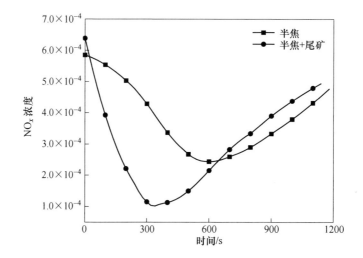

图 7.6 稀土尾矿对催化半焦脱硝过程 NO_x 浓度的影响

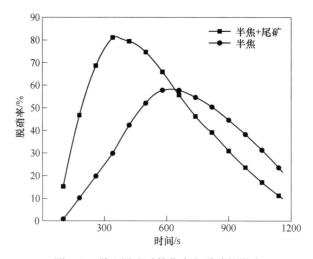

图 7.7 稀土尾矿对催化半焦脱硝的影响

件下稀土尾矿与半焦共同作用的脱硝性能曲线与单独半焦脱硝性能曲线比较。从图可以看出，在 700℃、5% O_2 工况下单独半焦脱硝过程中 NO_x 浓度最低可降低至 2.3924×10^{-4}，其对应的脱硝效率为 58.26%；稀土尾矿与半焦共同作用过程中 NO_x 浓度最低可以降到 1.13×10^{-4}，与其对应的 NO 转化率可达到 81.45%。研究表明，稀土尾矿具有显著的催化效果，比单独半焦的脱硝率可提高 23.19%。

7.3.1 温度对稀土尾矿催化脱硝性能的影响

图 7.8 所示为添加 0.2g 半焦、5% O_2 含量在不同温度对半焦和稀土尾矿共同作用条件下脱硝过程 NO_x 浓度的变化。由图 7.8 可以看出，不难发现稀土尾矿具有很强的催化能力，特别是在 600℃能将 NO_x 浓度降低至 0.6×10^{-4}，700℃能够降低至最低 1.13×10^{-4}，800℃则降低至最低 1.02×10^{-4}。

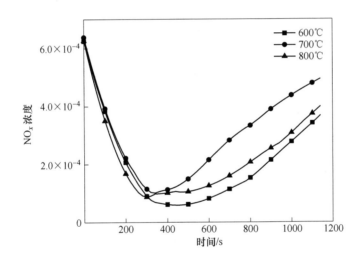

图 7.8　温度对稀土尾矿脱硝过程 NO_x 浓度的影响

图 7.9 所示为添加 0.2g 半焦，5% O_2 含量条件下不同温度对半焦和稀土尾矿共同作用的脱硝性能的变化曲线，从图 7.9 可以看到，随着温度的升高，稀土尾矿催化半焦的脱硝能力总体呈现逐渐降低的趋势。当温度在 600℃时，稀土尾矿催化的脱硝效率最高，为 92.43%；700℃时，其脱硝效率为 79.34%；800℃时，其脱硝效率降低到 82.11%。稀土尾矿在脱销的过程中不耐高温，反而在较低温度下显现出了良好的催化性能。总体来说，稀土尾矿催化半焦脱硝是比较稳定的，在 600～800℃范围内基本都能保持在 80% 以上的脱硝效果。

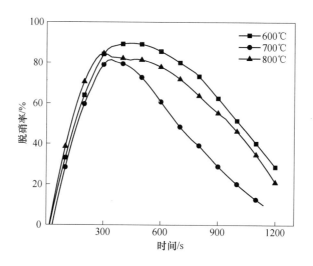

图 7.9　温度对稀土尾矿脱硝性能的影响

7.3.2　O₂ 含量对稀土尾矿催化脱硝性能的影响

　　上面研究了温度对稀土尾矿催化半焦过程的影响，接下来讨论 O_2 含量对稀土尾矿催化脱硝过程的作用及影响。图 7.10 所示为 600℃时不同 O_2 含量对稀土尾矿催化脱硝过程中 NO_x 浓度变化的影响。从图 7.10 可以看出，氧含量为 2% 和 5% 时，脱除 NO_x 浓度的最低值基本一致，最低可降至 0.8×10^{-4}；当氧含量为 10% 时，最低可将 NO_x 浓度降至 0.56×10^{-4}。

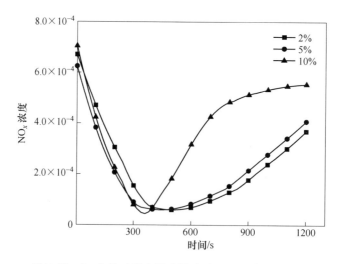

图 7.10　O₂ 含量对稀土尾矿脱硝过程 NO_x 浓度的影响

图 7.11 所示为 600℃ 简化的实际烟气气氛中不同 O_2 含量对于稀土尾矿催化半焦脱硝过程中脱硝率的影响。从图 7.11 可以看出，一定温度条件下随着 O_2 含量的增加稀土尾矿催化半焦脱硝率缓慢增长，当氧含量为 2% 和 5% 时其差异甚小，脱硝效率最高分别为 89%、90%；当氧含量为 10% 时，稀土尾矿催化半焦脱硝最高效率可以达到 92%。

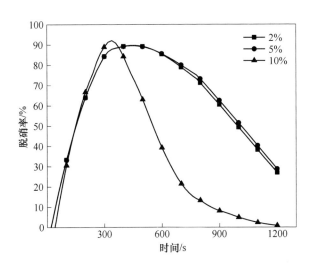

图 7.11 O_2 含量对稀土尾矿脱硝性能的影响

7.3.3   稀土尾矿催化脱硝的 N_2 选择性分析

图 7.12 所示为 5% O_2 含量时稀土尾矿催化半焦脱硝在不同温度下的 N_2 选择性比较分析。与其他图不同的是，图 7.12 主要从反应过程和温度方面对催化剂的 N_2 选择性进行了比较。图中 3 条曲线分别代表温度为 600℃、700℃、800℃ 的稀土尾矿催化剂的选择性。

综合分析图中三条曲线，可以看出，随着温度的升高 N_2 的选择性略低，其中 600℃ 时 N_2 选择性要高于 700℃ 和 800℃ 的 N_2 选择性。在整个反应过程中，N_2 选择性变化趋势明显，随着反应的开始稀土尾矿催化半焦脱硝过程中 N_2 选择性逐渐升高，然后趋于平稳；随着反应的结束其选择性逐渐下降。从 N_2 选择性曲线图的变化可以得出，N_2 选择性是与脱硝率息息相关的性能标准，它与脱硝率的变化几乎一致。在 N_2 的选择性中，其值越高也就意味着 NO 转化为 N_2 的能力越强。实验结果表明在稀土尾矿催化半焦过程中脱硝率高 N_2 选择性也高，说明 NO 气体向氮气的转化程度也高。

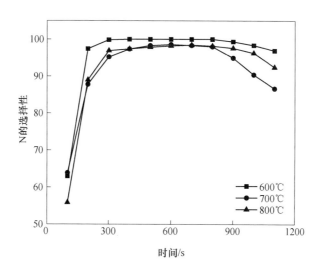

图 7.12 不同温度下稀土尾矿 N_2 选择性分析

7.4 稀土尾矿单体矿相模型催化半焦还原 NO 的性能实验

7.4.1 铁基氧化物催化半焦还原 NO 性能实验

本实验选用的催化剂是利用 $\gamma\text{-Al}_2O_3$ 做载体附着的 Fe_2O_3 和 Fe-Ce 氧化物,实验选用 $\gamma\text{-Al}_2O_3$ 作载体,所选 $\gamma\text{-Al}_2O_3$ 载体颗粒大小在 20~40 目之间并且每组催化剂选取载体 1g。首先使用研钵将粒径在 3~5mm 的 $\gamma\text{-Al}_2O_3$ 破碎;其次将破碎后的 $\gamma\text{-Al}_2O_3$ 放置在筛网中,筛取出粒径在 20~40 目的颗粒。20~40 目的 $\gamma\text{-Al}_2O_3$ 颗粒均匀、饱满、硬度较高、比表面积较大,非常适合做催化剂载体。本实验采用的催化剂为 Fe_2O_3 和铁铈氧化物(其中 Fe_2O_3 和 CeO_2 的质量比为 10:1)。实验采用 0.1g 半焦在 5% 含氧量、700℃ 条件下使用不同催化剂催化脱硝,分析 Fe_2O_3、Fe-Ce 氧化物对半焦脱硝作用的影响。

根据图 7.13 可以看出半焦在 Fe_2O_3、Fe-Ce 氧化物催化脱硝作用下脱硝率的总体趋势:脱硝效率随时间都是先增长,在达到一个最大的脱硝率后便开始下降。脱硝效率先增后降的原因是:0.1g 半焦在开始阶段与 NO 的还原反应使 NO 浓度开始降低,如图 7.13 前半段所示,在此过程中 NO 被还原转化为 N_2;随着反应的不断进行,中间还原产物 CO 也与 NO 开始进行还原反应,CO 的浓度变化如图 7.14 所示,此过程中半焦的脱硝率越来越大;最后阶段由于半焦的质量越来越少,NO 的还原效率便也开始随着半焦量的减少而下降,NO 的浓度便开始增大，如图7.13后半段所示，此过程中半焦的脱硝率越来越小。从图7.15可知，Fe_2O_3 催化脱硝效率最大值为 51.56%；Fe-Ce 氧化物催化脱硝效率最大值为 47.21%；半焦脱硝的最大值为 28.1%。对比三种情况，可以知道 Fe_2O_3 催化脱硝的效果略好于 Fe-Ce 氧化物催化脱硝的效果，铁基氧化物催化脱硝的效果好于纯半焦脱硝的效果。实验说明负载 Fe_2O_3、Fe-Ce 氧化物催化剂在半焦脱硝过程中发挥着很好的催化脱硝作用。

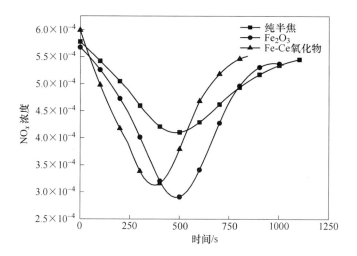

图 7.13　铁基氧化物催化半焦脱硝过程 NO_x 浓度变化

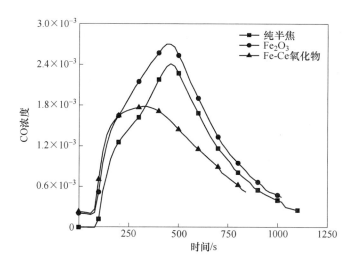

图 7.14　铁基氧化物催化半焦脱硝过程 CO 浓度变化

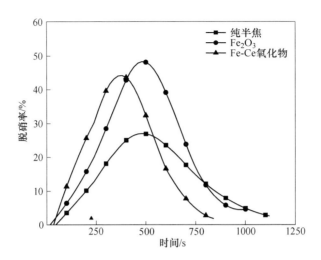

图 7.15　铁基氧化物催化半焦脱硝效率

图 7.16 所示为半焦催化脱硝过程中的 N$_2$ 选择性分析。可以发现，在催化剂催化脱硝过程中，N$_2$ 选择性随时间都是先增长，在达到最大的选择性后便开始下降。先增后降的趋势也间接说明了半焦催化脱硝过程中脱硝率的变化趋势。根据图 7.16 可知，Fe$_2$O$_3$ 催化脱硝 N$_2$ 选择性最大值为 96.79%，Fe-Ce 氧化物催化脱硝 N$_2$ 选择性最大值为 96.1%，单纯半焦脱硝选择性最大值为 92.83%。对比三种情况的 N$_2$ 选择性，发现 Fe$_2$O$_3$ 催化脱硝的 N$_2$ 选择性略好于 Fe-Ce 氧化物催化脱硝的 N$_2$ 选择性，半焦脱硝的 N$_2$ 选择性最差。

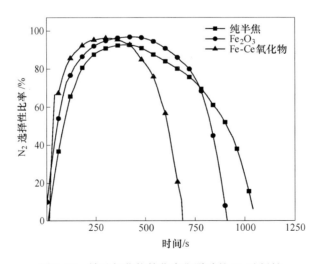

图 7.16　铁基氧化物催化半焦脱硝的 N$_2$ 选择性

7.4.2　铈基氧化物催化半焦还原 NO 性能实验

本实验采用的催化剂为 CeO_2 和 Ce-Fe 氧化物（其中 CeO_2 和 Fe_2O_3 的质量比为 10∶1）。选取的温度是 700℃，半焦的质量是 0.1g，催化剂氧化铈和铈铁氧化物各取 1g，和单纯的 0.1g 半焦做对照实验，从共混气系统过来的气体含有 5% 的氧气量和通入 $6×10^{-4}$ 的 NO 和平衡气体 N_2。

图 7.14 ~ 图 7.19 是 0.1g 半焦在 700℃、5% 氧气含量下，CeO_2、Ce-Fe 氧化物的催化脱硝实验数据分析结果。根据图 2.17 可以知道半焦在 CeO_2、Ce-Fe 氧化物催化脱硝作用下脱硝率的总体趋势：脱硝效率随时间是先增长，在达到一个最大的脱硝率后便开始下降。脱硝效率先增后降的原因是：0.1g 半焦在开始阶段与 NO 的还原反应使 NO 浓度开始降低，在此过程中 NO 被还原转化为 N_2；随着反应的不断进行，中间还原产物 CO 也与 NO 开始进行还原反应，此过程中半焦的脱硝率越来越大；最后阶段由于半焦的质量越来越少，NO 的还原效率便开始随着半焦量的减少而下降，NO 的浓度便开始增大，此过程中半焦的脱硝率越来越小。根据图 2.18 可知：CeO_2 催化脱硝效率最大值为 50.1%；Ce-Fe 氧化物催化脱硝效率最大值为 53.7%；半焦脱硝的最大值为 28.1%。对比三种情况，可以知道 Ce-Fe 氧化物催化脱硝的效果略好于 CeO_2 催化脱硝的效果，铈基氧化物催化脱硝的效果好于纯半焦脱硝的效果。实验说明负载 CeO_2、Ce-Fe 氧化物的催化剂在半焦脱硝过程中发挥了很好的催化脱硝作用。

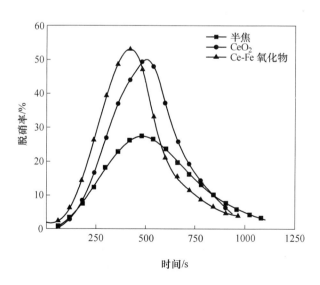

图 7.17　铈基氧化物催化半焦脱硝效率

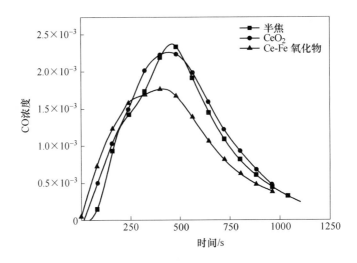

图 7.18　铈基氧化物催化半焦脱硝过程 CO 浓度变化

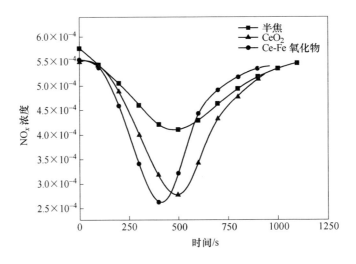

图 7.19　铈基氧化物催化半焦脱硝过程 NO_x 浓度变化

7.4.3　铁铈氧化物催化半焦还原 NO 性能实验

实验选用 γ-Al_2O_3 作载体，所选 γ-Al_2O_3 载体颗粒大小在 20～40 目之间并且每组催化剂选取载体 1g。首先使用研钵将粒径在 3～5mm 的 γ-Al_2O_3 破碎；其次将破碎后的 γ-Al_2O_3 放置在筛网中，筛取出粒径在 20～40 目的颗粒。20～40 目的 γ-Al_2O_3 颗粒均匀、饱满、硬度较高、比表面积较大，非常适合做催化剂载体。

本实验采用的催化剂为铁铈氧化物, 其 Fe_2O_3 和 CeO_2 的质量比为 $1:1$、$9:1$、$1:9$, 采用不同配比的催化剂来对比相同实验氛围下, 不同催化剂的催化脱硝效率。

从图 7.20 ~ 图 7.22 可以明显看出, 半焦与铁铈氧化物催化剂联合作用下的脱硝效率远远大于单纯的半焦的脱硝效率。在实验开始的前 100 ~ 200s 阶段半焦与铁铈氧化物催化剂的联合作用使脱硝效率迅速上升。随着反应时间的进行, 铁铈比为 $9:1$ 的铁铈氧化物催化剂的首先达到了脱硝效率的峰值, 其峰值为

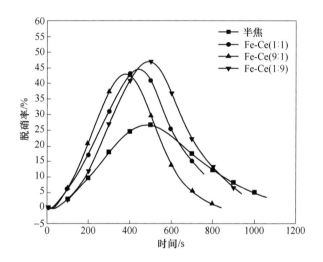

图 7.20 铁铈氧化物催化半焦脱硝效率

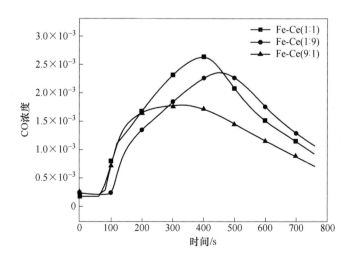

图 7.21 铁铈氧化物催化半焦脱硝过程 CO 浓度变化

45.96%；铁铈比为 1∶1 的铁铈氧化物紧随其后也达到了脱硝率的峰值，其值为 47.33% 两者相差不是很大；之后负载铁铈比为 1∶9 的铁铈氧化物达到脱硝效率的峰值（50.56%）。由此可见，半焦与铁铈氧化物催化剂的联合催化脱硝效率远远大于单独半焦脱硝的效率，而且还可以加快反应的进行。催化剂中又以铁铈比为 1∶9 的铁铈氧化物催化剂和半焦的联合脱硝的脱硝效率最高。

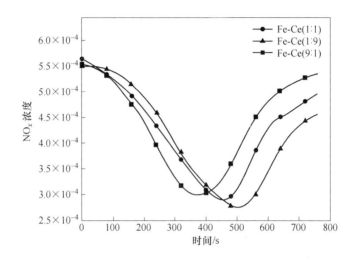

图 7.22 铁铈氧化物催化半焦脱硝过程 NO_x 浓度变化

7.4.4 稀土尾矿与单体矿相模型催化性能对比实验

实验温度 700℃，半焦的质量是 0.1g，催化剂 Fe_2O_3、Ce-Fe 氧化物和稀土尾矿各取 1g，和单纯的 0.1g 半焦做对照实验，从共混气系统过来的气体含有 5% 的氧气量，通入 600×10^{-6} 的 NO 和平衡气体 N_2。实验原理是利用半焦欠氧燃烧产生的 CO 和半焦在催化剂作用下还原 NO 为 N_2。

图 7.23 所示为添加 0.1g 半焦、700℃、5% O_2 工况下不同催化剂对 NO_x 浓度变化的影响。首先做了一个空白对照实验，单独放半焦，检测其在反应过程中 NO_x 浓度的变化；之后在这个基础上加入 Fe_2O_3、$(Ce-Fe)O_x$ 和稀土尾矿，观察其 NO_x 浓度的变化。根据图中信息，两种氧化物催化剂具有明显降低 NO_x 浓度的能力，不同催化剂在反应过程中 NO_x 浓度变化也不尽相同。$(Ce-Fe)O_x$ 催化半焦脱硝过程中 NO_x 浓度最低可降至 2.41×10^{-4}，而 Fe_2O_3 最低只降到 2.9×10^{-4}。稀土尾矿催化半焦脱硝过程中 NO_x 浓度变化最为明显，可以把 NO_x 降低至 2.07×10^{-4}。

图 7.24 所示为 700℃、0.1g 半焦、5% O_2 状态下不同催化剂的 NO 转化率的

曲线分析。从图 7.24 可以看出，半焦和稀土尾矿共同作用的 NO 转化率最高，最高效率达到 64%。半焦和 $(Ce\text{-}Fe)O_x$ 共同作用的脱硝效果次之，达到 53.7%。半焦和 Fe_2O_3 共同作用的脱硝效果为 50.56%。添加稀土尾矿比单纯的半焦脱硝率提高了 36%，添加 $(Ce\text{-}Fe)O_x$ 比单独半焦脱硝率提高了 25.6%，添加 Fe_2O_3 比单独半焦脱硝率提高了 22.5%。实验表明稀土尾矿的催化性能优于 $(Ce\text{-}Fe)O_x$ 和 Fe_2O_3 的催化性能，$(Ce\text{-}Fe)O_x$ 的催化性能优于 Fe_2O_3 的催化性能。

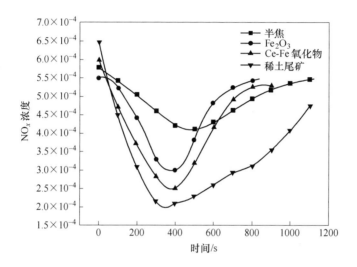

图 7.23 不同催化剂催化半焦脱硝过程 NO_x 浓度变化

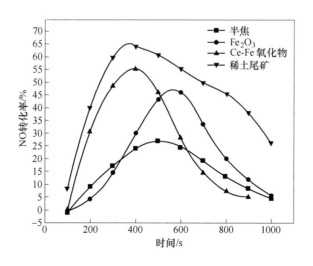

图 7.24 不同催化剂催化半焦脱硝效率

7.5　本章小结

本章分别以稀土尾矿和赤铁矿、氟碳铈矿单体建立的 Fe_2O_3、铈铁氧化物模型作为半焦脱硝的催化剂，研究不同催化剂催化半焦还原 NO 的脱硝效率和 N_2 选择性。

比较铁基氧化物（Fe_2O_3 和（Ce-Fe）O_x）的催化半焦脱硝效率，Fe_2O_3 的最佳催化脱硝能够达到 51%，（Ce-Fe）O_x 的最佳催化脱硝效率能够达到 47%，结果表明 Fe_2O_3 的催化脱硝效率略高于（Ce-Fe）O_x 的催化脱硝效率。比较铈基氧化物（CeO_2 和（Ce-Fe）O_x）两种催化剂对半焦催化脱硝实验，CeO_2 催化半焦最佳效率达到 50.1%，（Ce-Fe）O_x 催化半焦脱硝效率达到 53.7%。结果表明有（Ce-Fe）O_x 催化剂催化脱硝的性能比单纯的 CeO_2 脱硝效率更高。对比铁基氧化物和铈基氧化物的催化脱硝性能，可以看出铈基氧化物的催化活性略高于铁基氧化物的催化活性。

在催化半焦脱硝的实验中，分别以氧化铁（Fe_2O_3）、铈铁氧化物（Ce-Fe）O_x 和稀土尾矿为催化剂，通过对比各种催化剂的脱硝性能，得到 Fe_2O_3 和（Ce-Fe）O_x 催化剂具有显著提高脱硝的性能。稀土尾矿催化脱硝效率达到 64%，（Ce-Fe）O_x 催化脱硝达到 53.7%，Fe_2O_3 催化脱硝效率为 50.56%。其中铈铁氧化物的催化性能略高于氧化铁的催化性能，而稀土尾矿的催化性能则强于氧化铁和铈铁氧化物催化剂的催化性能。实验结果说明，稀土尾矿中的赤铁矿、氟碳铈矿都是具有催化半焦脱硝活性的矿相，都是稀土尾矿里的催化活性物质。

8 稀土尾矿催化 CO 还原 NO 的性能研究

燃烧烟气中一般含 5% ~ 10% 的氧气，在碳还原 NO_x 的同时，碳与氧也会发生反应，产生 CO 气体。CO 气体也是一种污染性气体，若能用 CO 还原 NO，则可以在 NO_x 减排时降低产物气体中的 CO 生成量，同时提高 NO 的还原率，将会是半焦还原脱硝技术的又一大优势。因此，本章研究稀土尾矿催化 CO 还原 NO 的性能。

8.1 研究方法

8.1.1 实验装置与样品

催化剂性能检测实验装置主要由以下三部分构成，即配气装置、加热装置和气体分析装置。配气系统包括各种气体的气瓶（氮气、氧气、一氧化碳、一氧化氮）、混气箱和流量控制器。实验通过一氧化碳（CO）、氧气（O_2）、一氧化氮（NO）和氮气（N_2）模拟烟气，尽可能达到与电厂烟气的成分相近。其中流量计可以准确地控制气体的流量，调节各个气体流速，配平各个气体比例。加热系统主要由立式管式加热炉组成，气体分析系统包括傅里叶红外气体分析仪和采样枪。气体分析仪是整个实验的关键设备之一。气体分析仪利用气体传感器来检测分析环境中的气体成分，传感器将接收到的气体转化为电信号，然后通过接收器将所测到的电信号反馈给计算机软件，最后直观显示出来。

气体检测流程如图 8.1 所示。实验开始之前先将各气瓶阀门打开，让各气体通过管道进入混气箱中，在混气箱内充分混合，这样就得到了模拟烟气气体成分的实验气体。供（混）气箱是将各种气体充分混合后并连续、均匀地将混合气体输出至立式管式加热炉的关键设备。然后接通加热炉的电源并设定好立式管式加热炉的加热温度，升温速率为 10K/min。在加热炉升温加热过程中，要一直通入反应气体，以便排出设备管路中的空气，使加热段始终保持实验气体氛围。在 CO 催化还原 NO 的实验中，取干净玻璃管和石英棉若干，将干净的石英棉揉成团后塞入玻璃管中下部。塞入的石英棉不宜过多，应以刚好托住催化剂为准。用电子天平称取催化剂 1g，倒入玻璃管中。其他操作如上所述，在这里不再赘述。

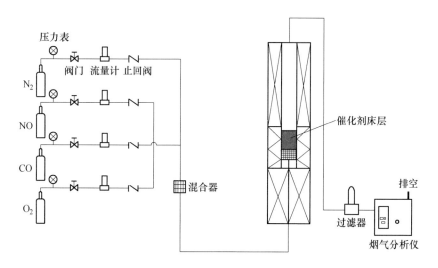

图 8.1　气体检测流程

8.1.2　实验方法及数据处理

实验总气体流量为 500mL/min，NO 的浓度为 500×10^{-6}，按照碳氮比的不同调节 CO 的浓度，C：N = 2：1（1000×10^{-6} 的 CO）、C：N = 4：1（2000×10^{-6} 的 CO）、C：N = 6：1（3000×10^{-6} 的 CO），C：N = 8：1（4000×10^{-6} 的 CO），最后用 N_2 作为平衡气。将立管炉以 10℃/min 的升温速率从室温加热到实验温度 500℃、6000℃、700℃、800℃、900℃，并用傅里叶红外光谱烟气分析仪进行在线监测，达到实验温度及气氛处于稳定状态时记下 NO 的值，记为 $(NO)_{in}$，将样品按上述填料方式置于内管后放入炉内并密封好，采用傅里叶红外光谱烟气分析仪和计算机采集数据系统对 CO 和 NO 的变化进行在线测量，将反应后的气体浓度曲线趋于稳定时的数值记为 $(NO)_{out}$。本实验以 NO 的催化还原效率作为催化剂活性的具体指标，NO 的催化还原效率的公式为：

$$\eta = \frac{c_{入口} - c_{出口}}{c_{入口}} \times 100\% \tag{8.1}$$

式中，η 为脱硝效率，%；$c_{入口}$ 为立式管式炉入口 NO 浓度，$\times 10^{-6}$；$c_{出口}$ 为立式管式炉出口 NO 浓度，$\times 10^{-6}$。

催化剂脱硝性能的检测以 NO 的转化率为准，其中 NO 转化率的计算公式为：

$$NO_{conversion} = \left(1 - \frac{[NO_x]_{out}}{[NO_x]_{in}} \right) \times 100\% \tag{8.2}$$

8.2　稀土尾矿催化 CO 还原 NO 性能实验

8.2.1　温度对稀土尾矿催化 CO 脱硝性能的影响

在进行尾矿催化 CO 还原 NO 的实验之前，首先对 CO 直接还原 NO 的能力进行了研究，结果如图 8.2 所示，随着温度的升高（从室温至 900℃），NO 的量略有降低（降低比率小于 2%），但总的来说在不添加任何催化剂时 CO 很难直接和 NO 发生反应。

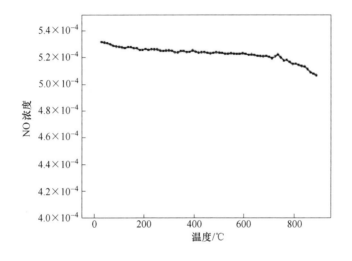

图 8.2　CO 直接还原 NO

该实验在模拟烟气情况下，研究了稀土尾矿催化剂的脱硝效率。模拟烟气气体成分与上述一致，考察稀土尾矿催化剂在不同温度（500℃，600℃，700℃，800℃，900℃）时对脱硝性能的影响。

图 8.3 所示为稀土尾矿在不同温度时 NO_x 浓度的变化，图 8.4 所示为稀土尾矿在不同温度下的脱硝效率。从 NO_x 的浓度变化可以看出，随着温度的升高，稀土尾矿的脱硝效率逐渐增大。其中 500℃时的尾矿的最高脱硝效率为 30.8%，600℃时的尾矿的最高脱硝效率为 60%，700℃时的尾矿的最高脱硝效率为 83.5%，800℃时的尾矿的最高脱硝效率为 97.8%，900℃时的尾矿的最高脱硝效率为 98.1%。温度升高，催化剂的 NO 转化率逐渐升高，说明较高的温度对催化反应过程有利。另外，随着温度的升高，稀土尾矿的脱硝反应也更加快速，其中 500℃时尾矿的反应响应时间为 400s，600℃时尾矿的反应响应时间为 300s，700℃时尾矿的反应响应时间为 200s，800 ~ 900℃时尾矿的最快反应响应时间也在 200s 左右。

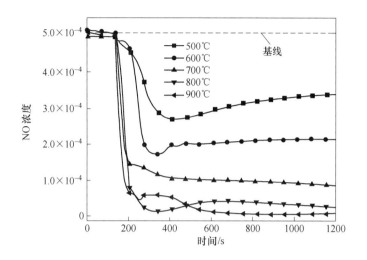

图 8.3   不同温度下添加稀土尾矿后 NO 浓度变化

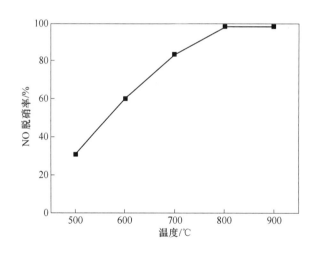

图 8.4   不同温度下添加稀土尾矿后脱硝效率

从结果可以得出，在碳氮比为 4∶1 时，从 500～900℃，添加尾矿都能催化 CO 还原 NO。在 500℃时，NO 的转化率只有 30.8%，随着温度的升高 NO 的转化率也随之增大；当温度达到 800℃时达到 97.8%；随着温度的继续升高至 900℃时 NO 的转化率基本稳定，达到 98.1%。分析其原因为尾矿在 800～900℃的工况下具有最高的催化活性。从微观的角度来讲，当温度较低时，尾矿中活性物质分子的热运动并不活跃，不利于催化反应的进行，随着温度的升高，催化剂分子的结构被激发，有利于催化剂活性的发挥。从上述结果可以看出，尾矿可以有效催化 CO 还原 NO，而且随着温度的增加 NO 的转化率也逐渐增加，当温度为 800~900℃时，尾矿在该工况下达到最高活性。此外，温度越高，尾矿对该反应的响应也越快。

8.2.2 CO/NO 对稀土尾矿催化 CO 脱硝性能的影响

该实验在简化的模拟烟气情况下，研究了不同碳氮比下稀土尾矿的脱硝效率。模拟烟气的实验气体总流量每轮实验保持不变，总量为 500mL/min，模拟烟气气体成分配比为：NO 的气体浓度为 500×10^{-6}，改变 CO 的浓度与 NO 的比例（2:1，4:1，6:1，8:1），考察 CO/NO 不同比例对稀土尾矿脱硝性能的影响。

图 8.5 所示为稀土尾矿催化剂在不同 CO/NO 比例时的脱硝效率。从图可以看出，一定温度下，随着 CO 浓度的增加稀土尾矿催化剂脱硝效率先升高后降低，其中 CO/NO = 2:1 时的稀土尾矿催化剂的最高脱硝效率为 87.6%，CO/NO = 4:1 时的稀土尾矿催化剂的最高脱硝效率为 99.7%，CO/NO = 6:1 时的稀土尾矿催化剂的最高脱硝效率为 98%，CO/NO = 8:1 时的稀土尾矿催化剂的最高脱硝效率为 97.6%。随着 CO/NO 的增大，稀土尾矿催化剂的 NO 转化率先升高后下降，说明 CO 过量并不能对 NO 转化率的提高起到太大的作用。当 CO:NO = 4:1 时达到最佳，最佳 NO 转化率为 99.7%。

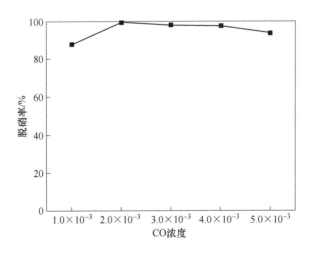

图 8.5 不同 CO/NO 比例下的稀土尾矿脱硝效率

8.2.3 O_2 含量对稀土尾矿催化 CO 脱硝性能的影响

该实验在简化的模拟烟气情况下，研究 O_2 含量对稀土尾矿脱硝效率的影响。

模拟烟气的实验气体总流量每轮实验保持不变，取量为 500mL/min，模拟烟气气体成分配比为：CO 气体浓度 500×10^{-6}，NO 的气体浓度为 2000×10^{-6}。改变 O_2 的含量为（0%、0.5%、1%、1.5%、2.0%），考察 O_2 含量对稀土尾矿脱硝性能的影响。

图 8.6 所示为稀土尾矿在不同 O_2 含量下的 NO_x 浓度变化，从图 8.6 可以看出，温度一定的条件下，随着 O_2 含量的增加，稀土尾矿的脱硝效率急剧下降。其中 O_2 含量为 0% 时的稀土尾矿的最高脱硝效率为 99.7%，O_2 含量为 0.5% 时的稀土尾矿的最高脱硝效率降为 7.6%，O_2 含量为 1% 时的稀土尾矿的最高脱硝效率降为 4.4%，O_2 含量为 1.5% 时的稀土尾矿的最高脱硝效率降为 2.1%，O_2 含量为 2% 时的稀土尾矿的最高脱硝效率降为 1.5%。随着 O_2 含量的升高，稀土尾矿催化剂的 NO 转化率急剧下降，说明 O_2 含量对催化反应过程非常不利。另外，随着 O_2 含量的增加，稀土尾矿的失活也更加快速，其中 O_2 含量为 0.5% 时稀土尾矿的失活时间为 1000s，NO_x 的转化率达到 96% 之后逐渐下降，1000s 之后 NO_x 转化率达到了 5%。O_2 含量为 1% 时稀土尾矿的失活时间为 400s，NO_x 的转化率达到 94% 之后急剧下降，400s 之后 NO_x 转化率达到 5%。O_2 含量为 2% 时稀土尾矿的失活时间为 300s，NO_x 的转化率达到 30% 之后时逐渐下降，300s 之后 NO_x 转化率达到 5%。

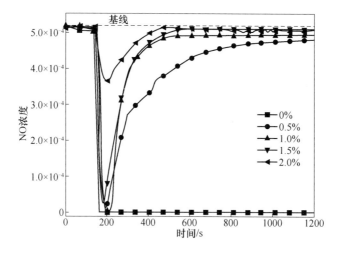

图 8.6　稀土尾矿在不同 O_2 含量下 NO 浓度变化

图 8.7 所示为稀土尾矿催化剂在不同 O_2 含量下的脱硝效率。从图 8.7 可以看出，随着 O_2 含量的增加，稀土尾矿催化剂的脱硝效率急剧降低。一定温度下，

随着 O_2 的加入，稀土尾矿催化剂失去催化活性，其中 O_2 含量为 0% 时的稀土尾矿催化剂的最高脱硝效率为 99.7%，O_2 含量为 1% 时的稀土尾矿催化剂的最高脱硝效率降为 4.4%，O_2 含量为 2% 时的稀土尾矿催化剂的最高脱硝效率降为 1.5%。O_2 的加入，使得 CO 被 O_2 氧化成 CO_2，NO 的转化缺少还原剂，稀土尾矿的催化脱硝作用无法显现。说明稀土尾矿的催化脱硝作用需要在还原气氛下才能发挥，氧化性气氛不能对 NO 转化率的提高起到作用，对稀土尾矿催化脱硝是不利的。

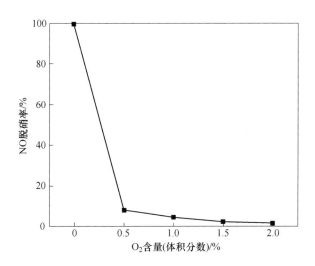

图 8.7 稀土尾矿在不同 O_2 含量下脱硝效率分析

8.2.4 CO_2/SO_2 对稀土尾矿催化 CO 脱硝性能的影响

图 8.8 所示为 800℃ 时 CO_2 对稀土尾矿催化剂脱硝性能的影响。从图中可以看出，虽然 CO_2 对稀土尾矿脱硝性能的影响不大，但是随着 CO_2 含量的提高，稀土尾矿脱硝率有所下降。CO_2 含量为 0% 时，稀土尾矿的催化脱硝率为 99.7%；CO_2 含量为 4% 时，稀土尾矿的催化脱硝率为 98.7%；CO_2 含量为 8% 时，稀土尾矿的催化脱硝率为 98.9%；CO_2 含量为 12% 时，稀土尾矿的催化脱硝率为 99%；CO_2 含量为 16% 时，稀土尾矿的催化脱硝率为 97.8%；CO_2 含量为 20% 时，稀土尾矿的催化脱硝率为 96.3。总体而言，低含量（< 15%）的 CO_2 对稀土尾矿的影响在 1% 以内，高含量（>15%）的 CO_2 对稀土尾矿催化剂的影响在 5% 以内，CO_2 对稀土尾矿的失活没有太大影响。

图 8.9 所示为 800℃ 时 SO_2 对稀土尾矿催化剂脱硝性能的影响。从图中可以看出，虽然 SO_2 对稀土尾矿脱硝性能的影响不大，但是随着 SO_2 含量的增大，稀

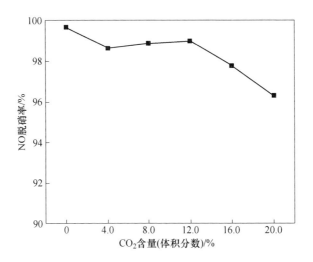

图 8.8　CO₂ 含量对稀土尾矿催化脱硝性能的影响

土尾矿脱硝率有所下降。SO₂ 含量为 0% 时，稀土尾矿的催化脱硝率为 99.7% ；SO₂ 含量为 0.5×10^{-3} 时，稀土尾矿的催化脱硝率为 99.4% ；SO₂ 含量为 1.0×10^{-3} 时，稀土尾矿的催化脱硝率为 99.3% ；SO₂ 含量为 $1.5 \times 10^{-3} \sim 2.5 \times 10^{-3}$ 时，稀土尾矿的催化脱硝率为 98.9% 。总体而言，SO₂ 对稀土尾矿催化剂的影响在 1% 以内，SO₂ 对稀土尾矿的失活没有太大影响。

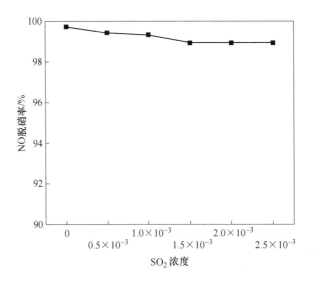

图 8.9　SO₂ 含量对稀土尾矿催化脱硝性能的影响

8.3　稀土尾矿单体矿相模型催化 CO 还原 NO 的性能

8.3.1　铁基氧化物催化 CO 还原 NO 性能实验

8.3.1.1　Fe_2O_3 催化 CO 还原 NO 性能实验

该实验在模拟烟气的气氛下，研究了不同温度、碳氮比条件下 Fe_2O_3 催化 CO 还原 NO 脱硝的效率。在本实验中，通入模拟烟气的总流量为 500mL/min。所通入的气体有 NO、CO、N_2，其中 N_2 的作用是作为平衡气。该实验中所选的温度有五组，分别为 600℃、650℃、700℃、750℃、800℃；CO 与 NO 的比例分别为 1∶1、2∶1、3∶1、4∶1。这组实验选用的催化剂为 Fe_2O_3。

图 8.10 所示为单独负载氧化铁催化剂在四种碳氮比条件下的脱硝效率。由图可以看出，在 NO 初始浓度不变且在同一温度的反应过程中，随着反应过程中 CO 与 NO 浓度比值的增大，反应中 CO 的脱硝率逐渐增大，尤其在碳氮比从 1∶1~2∶1 的反应过程中尤为明显；但是在碳氮比 3∶1~4∶1 反应过程中，这种脱硝效率的变化已不是太明显，两种情况下在同一温度的脱硝效率相差很小。这是因为通过提高碳氮比增加了 CO 的流量，从而提高了反应物 CO 的初始浓度，加强了脱硝反应的程度。虽然提高反应物 CO 的初始浓度可以促进脱硝反应的进行，但是从图 8.10 可以看到，在碳氮比提高到 4∶1 时，脱硝的效果相比于碳氮比 3∶1 的情况已经不会再有大幅度的提高。对于 Fe_2O_3 的催化脱硝过程而言，在一定 NO 初始浓度、一定温度的条件下，此时虽然增加了 CO 的浓度，但 CO 浓度已经处于过饱和的状态，所以即使 CO 浓度很高对于脱硝反应也不会有很好的促进作用。从脱硝的效率上可以明显看到，温度为 700℃ 的情况下，碳氮比

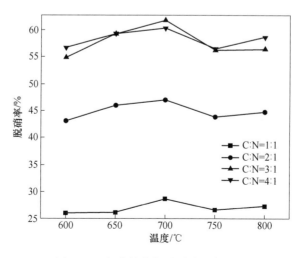

图 8.10　氧化铁催化剂脱硝效率分析

1 : 1 的最高脱硝效率可以达到 30%；碳氮比 2 : 1 的最高脱硝效率可以达到 47%；碳氮比 3 : 1 的脱硝效率是最高的，脱硝效率能达到 62%；碳氮比 4 : 1 的最高脱硝效率可以达到 58%。

从上面的脱硝效率分析图 8.10 中可以看出，四个碳氮比的四条曲线在 600 ~ 800℃的温度区间中，脱硝效率经历的是一个先提高而后开始降低的过程。具体的过程就是在 600 ~ 700℃的温度区间中，脱硝效率一直增长，在 700℃的时候达到该碳氮比脱硝效率的最大值；然后在 700 ~ 750℃的温度区间中，脱硝效率开始下降；在 750 ~ 800℃的温度区间中，脱硝效率经历一个增长过程，但是这个过程增长的幅度很小。从 600 ~ 700℃脱硝效率来看，Fe_2O_3 催化脱硝的最佳工作温度还在提高；从 700 ~ 800℃的脱硝效率来看，在同一个碳氮比，NO 初始浓度一定的条件下，700℃是该碳氮比的最佳工作温度。在 750 ~ 800℃的温度区间中，脱硝效率会出现一个小的增长阶段，氧化铁作为催化剂在这个温度区间里受到高温的破坏，从而它的稳定性受到影响，所以在实验的最后阶段它的催化脱硝效率会出现一个波动的现象。

8.3.1.2　Fe-Ce 氧化物催化 CO 还原 NO 性能实验

该实验在模拟烟气的气氛下，研究了不同温度、碳氮比下 Fe-Ce 氧化物催化 CO 还原 NO 的脱硝效率。在本实验中，通入模拟烟气的总流量为 500mL/min，所通入的气体有 NO、CO、N_2，其中 N_2 的作用是作为平衡气。该实验中所选的温度有五组，分别为 600℃、650℃、700℃、750℃、800℃；通入气体中 CO 与 NO 的比例有四组，分别为 1 : 1、2 : 1、3 : 1、4 : 1。这组实验选用的催化剂为 Fe-Ce（9 : 1）氧化物。

图 8.11 所示为负载 Fe-Ce 氧化物催化剂在四种碳氮比条件下的脱硝效率。由图 8.11 可以看出，在 NO 初始浓度不变且在同一温度的反应过程中，随着反应过程中 CO 与 NO 浓度比值的增大，反应过程中的 NO 的脱除率也在提高。提高 CO 与 NO 的浓度比值，其实就是提高了反应还原物 CO 的初始浓度，在其他条件不变的情况下，会使整个脱硝反应的效率提高。与前面 Fe_2O_3 催化脱硝反应不同的是 Fe-Ce 氧化物催化脱硝反应在温度较高时，碳氮比 3 : 1 的脱硝率与碳氮比 4 : 1 的脱硝率相差较大，可见 Fe-Ce 氧化物的催化作用还是有别于单一的催化剂氧化铁。与氧化铁催化脱硝的总体效率对比，可以看到 Fe-Ce 氧化物的催化效率更高。除此之外，从 Fe-Ce 催化脱硝的效率曲线上可以明显看到，温度为 700℃的时候，碳氮比 1 : 1 时的最高脱硝效率可以达到 40%；碳氮比 2 : 1 时的最高脱硝效率可以达到 43%；在碳氮比 3 : 1 时的最高脱硝效率可以达到 58%；在碳氮比 4 : 1 时的催化脱硝的效果是最好的，此时的脱硝效率能达到 70%。

从上面的脱硝效率分析图 8.11 中可以看到：四个碳氮比的四条曲线在 600 ~

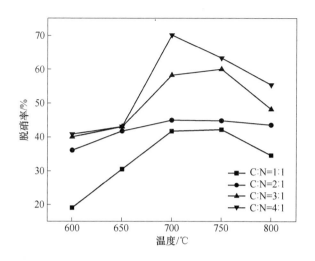

图 8.11 铁铈氧化物催化剂脱硝效率分析

800℃的温度区间中，脱硝效率经历的是一个先提高而后开始降低的过程。对于碳氮比分别为 1:1 和 3:1 的实验，具体的过程就是在 600～750℃的温度区间中，脱硝效率一直提高；然后在 750～800℃的过程中脱硝效率一直降低。在两个碳氮比的实验中，750℃是该碳氮比实验的最佳脱硝率的温度。对于碳氮比分别为 2:1 和 4:1 的实验，在 600～700℃的过程中，实验的脱硝效率一直提高；然后在 700～800℃的过程中，实验的脱硝效率开始降低。这两个碳氮比的实验中，700℃是最佳脱硝率的温度。

氧化铁和 Fe-Ce 氧化物的催化脱硝效率与碳氮比的关系是，随着碳氮比的增大，各温度下的脱硝效率也增大；催化脱硝效率与温度的关系是，随温度的升高先增加后减少。氧化铁在 C:N＝3:1，700℃时达到催化脱硝的最高值为 62%；Fe-Ce 氧化物在 C:N＝4:1，700℃时候达到催化脱硝的最高值 70.09%，可以看出 Fe-Ce 氧化物的最高脱硝效率要好于氧化铁。

8.3.2 铈基氧化物催化 CO 还原 NO 性能实验

8.3.2.1 CeO$_2$ 催化 CO 还原 NO 性能实验

图 8.12 所示为氧化铈在温度 600～800℃五个温度段同一温度下不同碳氮比的最高脱硝效率，本组实验从供混气系统通入的气体有 NO、CO、N$_2$，通入气体总流量为 500mL/mins。

图 8.12 是负载氧化铈催化剂在四种碳氮比条件下的脱硝效率分析图。由图8.12 可以看出，在 NO 初始浓度不变且在同一温度的反应过程中，随着反应过程

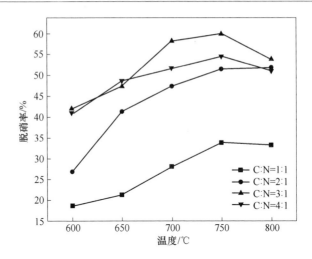

图 8.12　氧化铈催化剂脱硝效率分析

中 CO 与 NO 浓度比值的增大,反应过程中的 NO 脱除率也在提高。提高 CO 与 NO 的浓度比值,其实就是提高了反应还原物 CO 的初始浓度,在其他条件不变的情况下,会使整个脱硝反应的效率提高。与氧化铁催化脱硝的总体效率相比,可以看到氧化铈的催化效率较低。除此之外,从氧化铈催化脱硝的效率曲线上可以明显看到,在碳氮比 3:1 的情况下,脱硝反应的效果是最好的,此时的脱硝效率能达到 60%。750℃时,碳氮比 1:1 时最佳脱硝效率为 33.79%;在碳氮比 2:1 时,最佳脱硝效率为 51.5%;在碳碳比 3:1 时,最佳脱硝效率为 60%;在碳氮比 4:1 时,最佳脱硝效率为 54.56%。通过图 8.12 可以清晰看出不同碳氮比下最佳脱硝效率温度是在 750℃,从 600 ~ 750℃脱硝效率走势可以看出,随着温度的升高脱硝效率越来越好,在同一温度下碳氮比越高脱硝效率更好。

8.3.2.2　Ce-Fe 氧化物催化 CO 还原 NO 性能实验

该实验在模拟烟气的气氛下,研究了不同温度、碳氮比下 Ce-Fe 氧化物催化 CO 还原 NO 的脱硝效率。在本实验中,通入模拟烟气的总流量为 500mL/min,所通入的气体有 NO、CO、N_2,其中 N_2 的作用是作为平衡气。该实验中所选的温度有五组,分别为 600℃、650℃、700℃、750℃、800℃;通入气体中 CO 与 NO 的比例有四组,分别为 1:1、2:1、3:1、4:1。这组实验选用的催化剂为 Ce-Fe(9:1)氧化物。

图 8.13 所示为铈铁氧化物催化剂在不同 CO/NO 比例的脱硝效率曲线。从图 8.13 可以看出,在 600 ~ 800℃,随着温度的增加,铈铁氧化物催化剂的脱硝效率先升高后降低。一定温度下,随着 CO 浓度的增加的铈铁氧化物催化剂效率先升高后降低,其中在碳氮比 1:1 时铈铁氧化物催化剂的最高脱硝效率为 72%;

在碳氮比 2：1 时铈铁氧化物催化剂的最高脱硝效率为 76.44%；在碳氮比 3：1 时铈铁氧化物催化剂的最高脱硝效率为 68.27%；在碳氮比 4：1 时铈铁氧化物催化剂的最高脱硝效率为 65.79%。随着碳氮比的增大，铈铁氧化物催化剂的 NO 转化率先升高后下降，说明 CO 过量并不能对 NO 转化率的提高起到太大的作用。

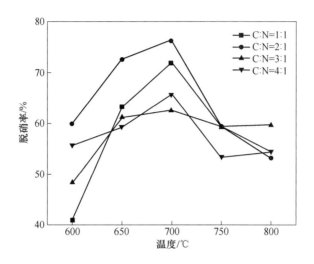

图 8.13　铈铁氧化物脱硝效率分析

氧化铈最高催化脱硝效率在碳氮比 2：1 时达 60%；铈铁氧化物脱硝效率较氧化铈好，最高脱硝效率在碳氮比 2：1 时达到 76.44%。在相同温度和相同浓度条件下，铈铁（Ce-Fe）氧化物脱硝效率较 CeO_2 脱硝效率高 16% 以上。

8.3.3　铁铈氧化物催化 CO 还原 NO 性能实验

实验采用的催化剂为 Fe-Ce 复合氧化物，其中 Fe_2O_3 和 CeO_2 的配比（Fe_2O_3 和 CeO_2 的质量比）为 1：1、9：1、1：9，采用不同配比的 Fe-Ce 氧化物催化剂对比相同实验条件下不同催化剂的催化脱硝效率。

图 8.14 所示为三种不同比例的铁铈氧化物的催化剂在碳氮比为 2：1，温度从 600~800℃ 每隔 50℃ 时催化脱硝效率的变化。当温度在 600℃ 时，三种不同的催化剂的催化脱硝效率都不是很高，其中 Fe-Ce（1：1）氧化物的催化脱硝效率为 49.2%，Fe-Ce（1：9）氧化物催化脱硝效率和其比较接近，为 53.56%，但是 Fe-Ce（9：1）氧化物的催化脱硝效率仅有 34.46%。由此可见 600℃ 时在碳氮比为 2：1 的条件下，三种催化剂催化脱硝效率都比较低，其中铈基氧化物催化脱硝效率高于铁基氧化物的催化脱硝效率。当温度在 650℃ 时，其中的两种 Fe-Ce（1：1）氧化物与 Fe-Ce（9：1）氧化物催化脱硝的效率都较 600℃ 的条件下有一定程度的下降，分别为 42.33% 和 30.49%。在这个条件下 Fe-Ce（1：9）氧

化物的催化脱硝效率呈现了一定的上升，达到了 58.5%。温度在 700℃时，三种催化剂的催化脱硝效率都呈现了一定的上升，其中 Fe-Ce（1∶1）氧化物催化脱硝效率是 48.18%，脱硝效率与 600℃时比较接近；Fe-Ce（9∶1）氧化物催化脱硝的效率相比之前上升得非常快，达到了 44.90%；Fe-Ce（1∶9）氧化物催化脱硝的效率相比 650℃时只有微弱的上升，只达到了 60.07%。随着温度的上升在 750℃时三种不同的催化剂催化脱硝的效率的变化有一定的不同，其中 Fe-Ce（1∶1）氧化物与 Fe-Ce（9∶1）氧化物的催化脱硝效率都在下降，但是 Fe-Ce（1∶1）氧化物的催化脱硝效率下降的幅度较大，为 44.74%，Fe-Ce（9∶1）氧化物的催化脱硝效率变化不是很明显，为 40.99%；而 Fe-Ce（1∶9）氧化物的催化脱硝效率上升幅度非常大，达到了 71.55%。当温度升到 800℃的时候，Fe-Ce（1∶1）氧化物催化脱硝效率升高，达到了 55.44%；Fe-Ce（9∶1）氧化物的催化剂催化脱硝效率升高到 43.49%；而 Fe-Ce（1∶9）氧化物催化脱硝效率下降为 65.14%。三种不同催化剂在碳氮比为 2∶1 的实验条件下，Fe-Ce（1∶9）氧化物的催化脱硝效率明显高于其他两种催化剂。随着温度的升高，发现铁基催化剂在 700℃时的催化效率最高，其耐高温性比较稳定；而铈基的催化剂在高温时的催化效果比较好，但是其耐高温性比较差。

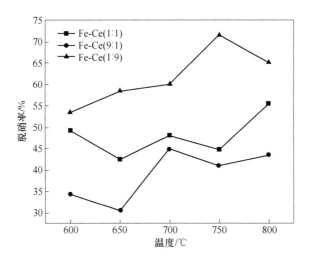

图 8.14　铁铈氧化物在 CO/NO = 2∶1 时的脱硝率对比

8.3.4　稀土尾矿与单体矿相模型催化性能对比实验

　　该实验在简化的模拟烟气情况下，研究了稀土尾矿和赤铁矿、氟碳铈矿单体矿相模型（Fe_2O_3、$(Ce-Fe)O_x$）的催化脱硝效率。模拟烟气的实验气体总流量每轮实验保持不变，取量为 500mL/min，CO 气体浓度 5.9×10^{-4}，NO 的气体浓

度为 5.9×10^{-4}，NO_x 气体浓度 6.0×10^{-4}。

图 8.15 所示为 CO/NO = 2:1 状态下不同催化剂的 NO 转化率的曲线。从图 8.15 的变化趋势可以看出，稀土尾矿催化脱硝的 NO 转化率最高，750℃脱硝效率达到 76.4%；$(Ce-Fe)O_x$ 催化脱硝的最高效率为 71.5%，氧化铁的催化脱硝最高效率仅为 46.3%。实验表明稀土尾矿的催化性能优于 $(Ce-Fe)O_x$ 的催化性能，$(Ce-Fe)O_x$ 的催化性能优于 Fe_2O_3 的催化性能。实验结果说明，稀土尾矿中的赤铁矿、氟碳铈矿都是具有催化 CO 还原脱硝活性的矿相，其中氟碳铈矿由于存在 Ce-Fe 协同催化作用其催化性能比单纯的氧化铁和氧化铈催化活性更好。

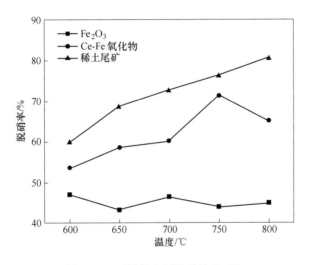

图 8.15 不同催化剂脱硝效率对比

图 8.16 所示为针对氟碳铈矿建立的掺杂铁的铈铁氧化物模型与稀土精矿的脱硝率对比。从图 8.16 可以看出，从 600～800℃的温度范围内，除了 700℃和 750℃之间有些偏差外，二者的脱硝率基本相近。在 700℃时，稀土精矿的脱硝率为 62.7%，铈铁氧化物的脱硝率为 60.07%，二者的偏差只有 2.7%；在 750℃时，稀土精矿的脱硝率为 68.9%，铈铁氧化物的脱硝率为 71.55%，二者的偏差为 2.65%。可以看出建立的掺杂铁的铈基氧化物模型与稀土精矿中真实的氟碳铈矿是比较接近的，该模型是比较符合物理真实的，是合理可行的。图 8.17 所示为针对赤铁矿建立的氧化铁模型与赤铁矿的脱硝率对比。从图 8.17 可以看出，从 600～900℃的温度范围内，二者的脱硝率相差较小。在 600℃时，赤铁矿的脱硝率为 33.7%，氧化铁的脱硝率为 28.1%，二者的偏差有 5.6%；在 900℃时，赤铁矿的脱硝率为 75.3%，氧化铁的脱硝率为 69.4%，二者的偏差为 5.9%。可以看出建立的氧化铁的模型与赤铁矿是比较接近的，该模型是比较符合物理真实的，是合理可行的。

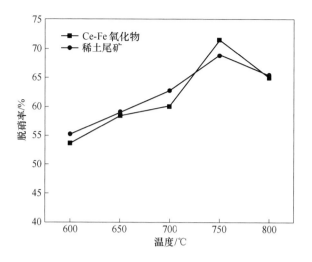

图 8.16　（Ce-Fe）O_x 与稀土精矿脱硝效率对比

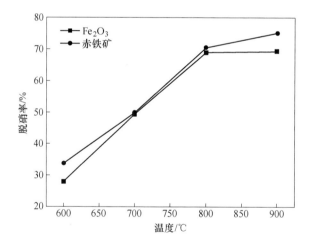

图 8.17　Fe_2O_3 与赤铁矿脱硝效率对比

8.4　本章小结

　　本章从稀土尾矿和铈铁氧化物催化剂出发，以氧化铝为载体制备负载不同比例的铈铁氧化物催化剂，研究铈铁氧化物催化 CO 还原 NO 的性能。比较铁基氧化铁（Fe_2O_3 和 Fe-Ce 氧化物）的催化脱硝效率，结果表明氧化铁的催化脱硝效率略高于铁基氧化物的催化脱硝效率。氧化铁在 C∶N＝3∶1，700℃的时候达到了催化脱硝的最高值，为 62％；铁基氧化物在 C∶N＝4∶1，700℃时候达到催化脱硝的最高值 70.09%，可以看出铁基氧化物的最高脱硝效率要好于氧化铁。

　　比较铈基氧化物（CeO_2 和 Ce-Fe 氧化物）两种催化剂催化脱硝实验，氧化铈最高催化脱硝效率在碳氮比 2∶1 时达 60%；铈铁氧化物脱硝效率较氧化铈好，最高脱硝效率在碳氮比 2∶1 时达到 76.44%。在相同温度和相同浓度条件下，铈铁（Ce-Fe）氧化物脱硝效率较 CeO_2 脱硝效率高 16% 以上。结果表明 Ce-Fe 氧化物催化剂催化脱硝性能比单纯的 CeO_2 脱硝效率更高。对比铁基复合氧化物和铈基复合氧化物的催化脱硝性能，可以得到铈基氧化物的催化活性略高于铁基氧化物的催化活性。

　　分别以氧化铁（Fe_2O_3）、铈铁氧化物（Ce-Fe）O_x 和稀土尾矿为催化剂，通过对比各种催化剂的脱硝性能曲线，发现氧化铁和铈铁氧化物催化剂具有显著提高脱硝的性能。在 750℃碳氮比 2∶1 时，稀土尾矿催化脱硝的 NO 转化率最高，最高效率达到 76.4%，铈铁氧化物催化脱硝的最高效率为 71.5%，氧化铁的催化脱硝最高效率仅为 46.3%。其中铈铁氧化物的催化性能高于氧化铁的催化性能，而稀土尾矿的催化性能则强于氧化铁和铈铁氧化物催化剂的催化性能。通过对比氧化铁与赤铁矿、铈铁氧化物与氟碳铈矿的脱硝性能，实验偏差均在 6% 以内，说明对于稀土尾矿单体矿相建立的氧化铁模型和铈铁氧化物模型正确。

9 稀土尾矿对活性炭还原 NO 的影响

9.1 实验材料及方法

9.1.1 实验仪器及试验台搭建

实验仪器主要采用 VTL1600 立式管式炉及 FTIR 傅里叶红外光谱气体分析仪，其中立管炉的刚玉管内径为 20mm，长度为 130cm，由 1800 型号硅钼棒对其进行加热，刚玉管上下两端密封。

实验台搭建：通过混气箱对气瓶的气体进行配气和调节各气路流量大小，然后由底部通入到刚玉管中，保证刚玉管中的气氛，稀土尾矿和活性炭在玻璃管中进行加热，产生的 NO_x 气体同氛围气体一起从刚玉管上端吹出进入烟气分析仪，由计算机系统显示 NO_x 的浓度并将单位量产生的 NO_x 浓度作积分后进行对比。

9.1.2 实验工况及数据的处理

根据上述设备要求，试验采用的是粒径为 200～250 目范围的活性炭粉末和相同粒径的稀土尾矿粉末均匀混合，混合比例为 3:1。

由于工况不同，NO 的变化时间不同，所以基于 NO 的初始浓度对其浓度的减少量进行积分，再与变化时间段内初始浓度的积分相比，得到稀土尾矿催化活性炭还原 NO 的脱硝率，公式表示为：

$$\eta_{NO} = \frac{V_{in} - V_{out}}{V_{in}} \times 100\% \tag{9.1}$$

式中，η_{NO} 表示脱硝率；V_{in} 表示加入稀土尾矿和活性炭之前的 NO 浓度；V_{out} 表示加入稀土尾矿和活性炭稳定后的 NO 排出量。

当 η_{NO} 为正值时，表示稀土尾矿和活性炭混合物有脱硝作用。

9.2 活性炭作还原剂时的催化还原脱硝

活性炭由于其可再生、污染小等特点，其各种应用逐渐被人们挖掘，将活性炭用作脱硝领域，能有效代替 NH_3 作为脱硝系统中的还原剂，并且在脱硝过程中，随着活性炭的消耗，会降低堵孔的概率，延长使用时间。

9.2.1 温度对脱硝性能的影响

图 9.1 所示为不同温度下稀土尾矿与活性炭的脱硝效率。由图 9.1 可以看

出，在不同温度下，添加稀土尾矿和活性炭后对 NO 的浓度均有不同程度的影响，在 900～950℃ 温度段，NO 最低浓度降到 1844.22mL/m³，并且持续时间相对于其他温度有所延长。由于每组实验都放同等质量的活性炭，通过每组 NO 浓度降低的斜率来看，900～950℃ 之间活性炭对 NO 的还原速率较快，同时在整个时间段内脱除了更多的 NO 气体。

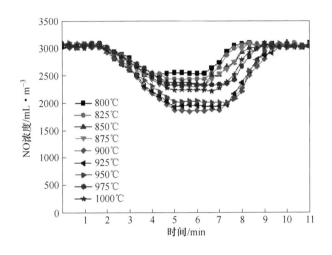

图 9.1　NO 浓度随温度的变化

由图 9.2 可以看出，当反应温度在 900℃ 时，其脱硝率达到了 38.59%，稀土尾矿的脱硝率在 800～900℃ 之间，随着温度的升高而增加，900～1000℃ 时，随温度升高，脱硝率缓慢下降，由此得出，温度越高稀土尾矿的催化活性越大。

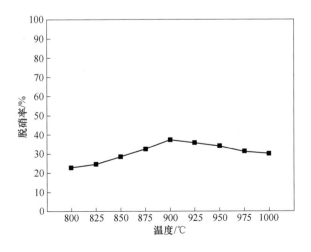

图 9.2　脱硝率随温度的变化

9.2.2　脱硝化学过程探究

下面分析稀土尾矿对各气体浓度的影响。

图 9.3 所示为温度 900℃、稀土尾矿添加量为 30% 的各气体浓度变化。随 NO 浓度下降，CO 和 N_2O 的浓度增加，当 CO 和 N_2O 浓度一定时，CO_2 浓度逐渐升高。NO 浓度的最低值与 CO 和 N_2O 浓度最高值相对应，此时反应速率最快，之后 N_2O、CO 浓度降低，CO_2 继续升高，此时应是 N_2O、CO 反应转化成 N_2 和 CO_2，最终 N_2O 和 CO 几乎全部转化为 CO_2。

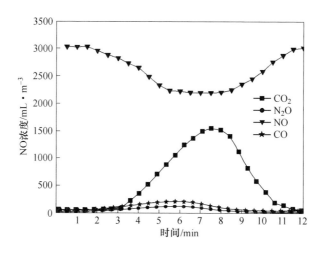

图 9.3　稀土尾矿对各气体浓度的影响

N_2O 和 CO 作为中间产物存在，表示稀土尾矿对 CO 还原 NO 和 N_2O 也具有催化作用，其中所涉及的主要化学反应为：

$$2C + 2NO \Longrightarrow 2CO\uparrow + N_2\uparrow \qquad (9.2)$$

$$C + 2NO \Longrightarrow N_2O\uparrow + CO\uparrow \qquad (9.3)$$

$$C + 4NO \Longrightarrow 2N_2O\uparrow + CO_2\uparrow \qquad (9.4)$$

$$N_2O + CO \Longrightarrow CO_2\uparrow + N_2\uparrow \qquad (9.5)$$

$$2CO + 2NO \Longrightarrow 2CO_2\uparrow + N_2\uparrow \qquad (9.6)$$

$$C + 2NO \Longrightarrow CO_2\uparrow + N_2\uparrow \qquad (9.7)$$

9.3　磁选对尾矿脱硝性能的影响

由于稀土尾矿中成分繁多复杂，各种杂质也共生其中，因此，根据稀土尾矿中各种矿物的比磁化系数的不同，选用磁选的方法对稀土尾矿进行筛选，分别得到磁性强度不同的矿物，进而再对其活性进行检测，探究稀土尾矿中具有脱硝作用的活性物质与磁性的关系。

9.3.1 稀土尾矿中各矿物的磁性与筛选

表9.1所示为稀土尾矿中各矿物的磁化性质，稀土尾矿中磁铁矿的磁性大于 $46000 \times 10^{-6} cm^3/g$，属于强磁性矿物，其中赤铁矿、氟碳铈矿、独居石、钠辉石、钠闪石的比磁化系数在 $(10 \sim 70) \times 10^{-6} cm^3/g$ 之间，归为弱磁性矿物。其中重晶石、萤石、石英、石灰石的比磁化系数仅在 $(1 \sim 5) \times 10^{-6} cm^3/g$ 之间，归为无磁性矿物。

表9.1 稀土尾矿中各矿物的磁化性质

矿物名称	化学组成	比磁化系数/×10^{-6}cm^3·g^{-1}
磁铁矿	Fe_3O_4	>46000
赤铁矿	Fe_2O_3	18~30
氟碳铈矿	$Ce(CO_3)F$	11~13.5
独居石	$CePO_4$	12.6
萤石	CaF_2	4.2
重晶石	$BaSO_4$	1.3
石英	SiO_2	3.5
石灰石	$CaCO_3$	2.4
钠辉石	$NaFe(SiO_2O_6)$	67.3
钠闪石	$Na_2Fe_2+(Si_8O_{22})(OH)_2$	37.9

图9.4所示为稀土尾矿的磁选步骤，首先将300目以上的稀土尾矿在12000GS的磁场强度下进行磁选3次，分别得到强磁选精矿和尾矿，强磁选精矿为有磁性矿物（1号矿），强磁选尾矿为无磁性矿物（2号矿）。然后再对强磁选精矿（1号矿）进行弱磁磁选，磁场强度为1500GS时分别得到弱磁磁选精矿和尾矿，弱磁选精矿主要为强磁性矿物（3号矿），弱磁选尾矿主要为弱磁性矿物（4号矿）。进而分别探究稀土尾矿和磁选出的4种矿对活性炭还原NO的影响，判断稀土尾矿催化活性炭还原NO的活性物质是否与磁性有关。

9.3.2 磁选后各种矿物的脱硝性能

将磁选得到的4种矿物，在相同条件下利用第2章中的有机泡沫浸渍法制备成多孔结构，再在同样质量比为1:3的活性炭浆料中进行浸渍。保证4种矿物最终质量相等。通入的NO浓度同样为3000mg/m^3，气体总流量为300mL/min。实验温度为900℃。

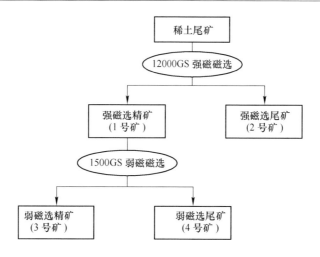

图 9.4　稀土尾矿磁选路径

图 9.5 所示为包钢稀土尾矿在经过磁选之后得到的 4 种不同的矿物的脱硝效率，如图 9.5 可以看出，1 号矿物为强磁选精矿属于有磁性矿物，其脱硝效率相比最初的稀土尾矿的脱硝效率提升了 17.69%；2 号矿为强磁选的尾矿属于无磁性矿物，其脱硝效率仅为 6.36%。由此得出，稀土尾矿催化活性炭还原 NO 的活性物质大部分为磁性物质。

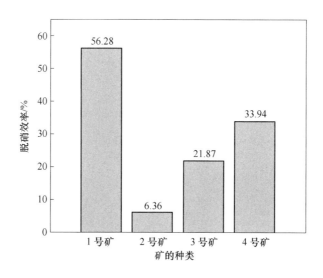

图 9.5　各类矿物的脱硝效率

由 2 号矿物再进行弱磁磁选后得到 3、4 号矿物，3 号矿物的脱硝效率为 21.87%，其为弱磁磁选出的精矿属于强磁性矿物，磁铁矿和赤铁矿为主要成分。

4 号矿物的脱硝率为 33.94%，其为弱磁磁选尾矿，属于弱磁性矿物。3、4 号矿物的脱硝效率都比 1 号矿物的脱销效率要低，表明稀土尾矿的脱硝活性物质包含强磁性矿物和弱磁性矿物，并且强、弱磁性矿物结合在一起脱硝效果更好。

9.4　稀土尾矿脱硝活性成分的表征分析

为探究稀土尾矿催化活性炭还原 NO 的活性成分，区别杂质物质，分别对稀土尾矿磁选出的各矿物，以及其脱硝前后进行了 XRD、XRF 以及 SEM 扫描电镜能谱等表征分析，并且通过对比其他学者在稀土脱硝领域的实验结果，初步确定稀土尾矿脱硝活性组分。

9.4.1　XRD 分析

图 9.6 所示为强磁选精矿（2 号矿）脱硝前后的 XRD 图谱。由于包钢稀土

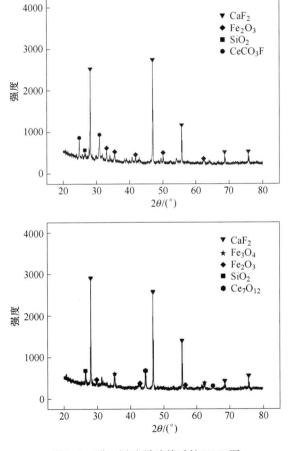

图 9.6　稀土尾矿脱硝前后的 XRD 图

矿是天然共生矿，成分复杂，主要以 CaF、SiO_2、Fe_2O_3 等物质存在。通过脱硝前后对比，2 号矿在脱硝后一部分 Fe_2O_3 转换为 Fe_3O_4，并且在脱硝后发现了 Ce 的氧化物，推测稀土矿中的氟碳铈矿（$CeCO_3F$）在高温脱硝时与自身的结晶水反应，分解出 Ce 的氧化物，化学方程式为：$CeCO_3F + H_2O \rightarrow Ce_7O_{12} + CO_2 \uparrow + HF \uparrow$。

Ce 的氧化物的脱硝活性比氟碳铈矿（$CeCO_3F$）的活性高很多，因此判断稀土尾矿在高温下更有利于与活性炭进行联合脱硝作用。

9.4.2　XRF 分析

将磁选后的各矿物对比稀土尾矿分析成分变化，对照各矿物的脱硝效率，判断影响脱硝效率的成分有哪些，区分杂质和活性物质。

9.4.2.1　强磁磁选后的成分变化

表 9.2 为稀土尾矿经过 12000GS 强磁磁选后所得两种分离矿物的 XRF 元素分析。根据变化较大的元素分析，1 号矿相比于稀土尾矿 Ca、Ba 的含量减少较大，Fe、Mn、La、Ce 的含量增长较多。1 号矿与 2 号矿相比，2 号矿主要以 Si、Ca、Ba 三种元素组成，其他元素占比不到 10%。基于稀土尾矿的脱硝率为 38.59%，1 号矿脱硝率为 56.28%，2 号矿的脱硝率为 6.36%。初步判断稀土尾矿中的 Ca、Si、Ba 含量过多会影响稀土尾矿的脱硝活性。

表 9.2　强磁磁选后各矿物元素含量分析　　　（质量分数/%）

元素名称	稀土尾矿	强磁选精矿（1 号矿）	强磁选尾矿（2 号矿）
N	0.213		
O	30.5	30.4	27.4
Mg	0.202	0.338	0.182
Al	0.183	0.354	0.339
Si	2.43	1.55	13.27
P	0.543	0.408	0.571
S	1.12	0.890	0.857
Cl	0.0475	0.0965	0.0534
K	0.580	1.02	0.747

元素名称	稀土尾矿	强磁选精矿（1号矿）	强磁选尾矿（2号矿）
Ca	23.5	12.4	36.9
Ti	0.706	0.915	0.638
Mn	2.24	3.81	1.23
Fe	25.6	33.2	3.63
Ni		0.0117	
Co			0.0043
Cu	0.0137	0.0216	0.0097
Zn	0.0973	0.145	0.0880
Rb			0.0058
Sr	0.176	0.166	0.202
Y	0.0496	0.0402	0.0564
Nb	0.376	0.353	0.352
Mo	0.0050	0.0065	
Sn	0.0338		
Ba	4.74	1.19	12.37
La	1.79	3.59	0.181
Ce	3.39	7.19	0.394
Pr	0.312	0.469	0.276
Nd	1.00	1.688	0.098
Pb	0.0921	0.128	0.0766
Th	0.0329	0.0309	0.0373

9.4.2.2　弱磁磁选后的成分变化

表 9.3 所示为强磁选精矿（2 号矿）进一步经过 1500GS 筛选出的两种矿物。由于磁性较小，所以在磁选出的精矿（3 号矿）中的主要元素是 Fe 和 O 元素，含量分别为 71.2% 和 17.9%。尾矿中（4 号矿）中的 Fe 的成分从而含量较少，为 12.7%，仍然以 Ca、O 为主。基于 2 号矿的脱硝率为 56.28%，而在 2 号矿磁选以后得到的 3、4 号矿的脱硝率分别为 21.87%、33.94%。均比 2 号矿的脱硝率低。初步推断 Fe 在稀土尾矿脱硝中作为活性物质，并且 Fe 的含量太少或者太多时同样会影响脱硝效率。同时从另一方向证明，稀土尾矿与活性炭联合脱硝的活性成分，不只是 Fe，有其他活性成分与 Fe 元素协同脱硝。

表 9.3　弱磁磁选后各矿物元素含量分析　　　（质量分数/%）

元素名称	稀土尾矿	弱磁选精矿（3 号矿）	弱磁选尾矿（4 号矿）
N	0.213	0.133	
O	30.5	17.9	37.1
Mg	0.202	0.185	0.232
Al	0.183	0.137	0.299
Si	2.43	1.78	3.31
P	0.543	0.239	0.582
S	1.12	0.593	1.092
Cl	0.0475	0.061	0.0619
K	0.580	0.455	0.831
Ti	0.706	0.305	0.882
Mn	2.24	2.68	2.23
Fe	25.6	71.2	12.7
Ni			
Co			

元素名称	稀土尾矿	弱磁选精矿（3号矿）	弱磁选尾矿（4号矿）
Cu	0.0137	0.0069	0.0117
Zn	0.0973	0.088	0.136
Rb			0.0071
Sr	0.176	0.108	0.208
Y	0.0496	0.0240	0.0564
Nb	0.376	0.169	0.423
Mo	0.0050	0.0023	0.0043
Sn	0.0338		0.0374
Ba	4.74	0.14	4.53
La	1.79	0.18	1.88
Ce	3.39	0.33	4.34
Pr	0.312	0.145	0.326
Nd	1.00	0.418	1.045
Pb	0.0921	0.083	0.1016
Th	0.0329	0.0179	0.0365

9.4.3 脱硝前后的能谱分析

由于强磁选精矿（2号矿）的脱硝效率最好，达到了56.28%。因此对2号矿脱硝前后进行了SEM扫描电镜能谱分析，观察2号矿在脱硝前后的微观矿相变化，并对活性物质作初步判断。

9.4.3.1 脱硝前能谱分析

将2号矿在脱硝前与活性炭混合磨碎，进行SEM扫描电镜能谱分析，观察2号矿与活性炭经过机械混合后的微观颗粒矿相。

图 9.7（a）中较亮的白色颗粒主要成分是 Ba、Ca 的混合物，由其各原子数量比和重量比得出，主要物质应为 $BaSO_4$、$CaSO_4$。由于有少量 Fe 的存在，所以并没有被强磁筛选掉。

El	AN	系列	质量分数/%	原子分数/%
Ba	56	L-系列	68.60	29.44
Ca	20	K-系列	11.36	16.70
O	8	K-系列	7.33	27.00
F	9	K-系列	4.19	13.01
Fe	26	K-系列	3.28	3.46
S	16	K-系列	2.70	4.97
Si	14	K-系列	1.63	3.42
Al	13	K-系列	0.91	1.99
		总计：	100.00	100.00

(a)

El	AN	系列	质量分数/%	原子分数/%
O	8	K-系列	50.19	67.74
Si	14	K-系列	37.21	27.34
Ca	20	K-系列	6.58	3.39
F	9	K-系列	3.21	3.49
Fe	26	K-系列	2.80	1.04
		总计：	100.00	100.00

(b)

El	AN	系列	质量分数/%	原子分数/%
Fe	26	K-系列	58.34	40.03
S	16	K-系列	29.11	39.64
O	8	K-系列	8.49	20.33
		总计：	100.00	100.00

(c)

El	AN	系列	质量分数/%	原子分数/%
O	8	K-系列	44.59	58.64
F	9	K-系列	17.98	19.91
Si	14	K-系列	11.52	8.63
Ca	20	K-系列	11.06	5.81
Fe	26	K-系列	5.62	2.12
Ba	56	L-系列	3.36	0.51
S	16	K-系列	2.63	1.73
Al	13	K-系列	1.73	1.35
Mg	12	K-系列	1.51	1.31
		总计:	100.00	100.00

(d)

El	AN	系列	质量分数/%	原子分数/%
Ce	58	L-系列	29.42	7.39
O	8	K-系列	20.03	44.09
Nd	60	L-系列	16.04	3.92
Fe	26	K-系列	6.03	3.80
Al	13	K-系列	6.00	7.83
C	6	K-系列	5.32	15.60
Ca	20	K-系列	4.83	4.24
Pr	59	L-系列	3.91	0.98
F	9	K-系列	3.47	6.4
S	16	K-系列	3.14	3.44
Si	14	K-系列	1.82	2.28
		总计:	100.00	100.00

(e)

图 9.7　强磁选精矿的 SEM 能谱分析

　　图 9.7（b）中呈暗灰色的颗粒的主要成分是以 Si 为主的混合物，经过计算得出主要是 SiO_2，并伴有少量的 CaF 和 Fe 的氧化物。

　　图 9.7（c）中灰色的多孔颗粒的主要元素是 Fe、S、O，经过计算推测主要物质是 FeS、$FeSO_4$。

　　图 9.7（d）中呈浅灰色的小颗粒主要元素是 O、F、Si、Ca，根据各原子数量比和重量比推测主要成分是 Fe 的氧化物、CaF、SiO_2 以及部分氟氧化物。

　　图 9.7（e）中右上角呈浅灰色的颗粒，包含的主要元素为 Ce、O、Nd 等稀土元素，经过计算，推测 Ce 的主要存在形式有 $CeCO_3F$ 和 Ce_xO_y，Nd 主要以 Nd_2O_3 的形式存在。

　　由强磁选精矿（2 号矿）的 SEM 扫描电镜能谱的微观图可以看出，虽然稀土尾矿经过 12000GS 的强磁磁选，但仍然有少量的 Ca、Si 等无磁性物质没有被分离，并且与 Fe、Ce 等元素混合在一起。由于磁选的粗略性，并不能将无磁性物质全部筛选出，这也解释了强磁选精矿（2 号矿）的脱硝效率为 56.28%，并不是特别高的原因。

9.4.3.2　脱硝后能谱分析

对强磁选精矿（2 号矿），在与活性炭联合脱硝后进行 SEM 扫描电镜能谱打点分析，观察 2 号矿在与活性炭联合脱硝后的微观矿相，分析与活性炭结合的物质有哪些，进而判断稀土尾矿中的脱硝活性物质。

图 9.8 所示为强磁选精矿联合活性炭脱硝后的 SEM 能谱分析，图 9.8（a）中黑白相间的一个颗粒的白色部分的能谱显示包含了 O、Ce、Fe、La、Nd、P、Pr、Ca、Mg、S、Al 这 11 种元素，其中 O、Ce、Fe、La、Nd 这 5 种元素占总重量比的 90%，再根据原子数量比计算其中包含 Ce、Fe、La、Nd 的氧化物以及其

El	AN	系列	质量分数/%	原子分数/%
O	8	K–系列	30.57	66.90
Ce	58	L–系列	21.21	5.30
Fe	26	K–系列	19.13	11.99
La	57	L–系列	8.76	2.21
Nd	60	L–系列	7.98	1.94
P	15	K–系列	6.69	7.57
Pr	59	L–系列	2.57	0.64
Ca	20	K–系列	1.27	1.11
Mg	12	K–系列	0.81	1.16
S	16	K–系列	0.55	0.60
Al	13	K–系列	0.45	0.59
		总计：	100.00	100.00

(a)

El	AN	系列	质量分数/%	原子分数/%
C	6	K–系列	100.00	100.00
		总计：	100.00	100.00

(b)

El	AN	系列	质量分数/%	原子分数/%
O	8	K-系列	33.91	50.10
Ce	58	L-系列	26.12	10.30
C	6	K-系列	14.29	28.13
La	57	L-系列	10.13	4.38
Ca	20	K-系列	5.96	3.52
Nd	60	L-系列	5.41	0.89
Pr	59	L-系列	3.11	1.35
Fe	26	K-系列	1.07	0.45
		总计：	100.00	100.00

(c)

图 9.8 强磁选精矿脱硝后的 SEM 能谱分析

余混合物。而图 9.8（b）所示是此颗粒的深灰色部分，由能谱显示黑色部分是 C 元素。

从图 9.8（c）的 SEM 微观图像中也找到了黑白相间的颗粒。经过能谱分析，发现包含了 O、Ce、C、La、Ca、Nd、Pr、Fe 这 8 种元素，其中含量较多的是 O、Ce、C、La 这 4 种元素，而 Nd、Pr 元素由于在稀土尾矿中本身含量就很少，因此在脱硝时与活性炭结合的重量比也较少。

经过与现有稀土氧化物脱硝领域的一些权威实验相对比，初步判断 Ce、Fe、La、Nd、Pr 在高温下对活性炭还原 NO 有催化作用。

9.5 本章小结

通过对强磁选精矿（2 号矿）进行 XRD、XRF 测试，发现 Ca、Si、Ba 含量过多会影响稀土尾矿的脱硝活性，同时 Fe、Mn、La、Ce 等一些元素的增加有利于提高稀土尾矿的脱硝活性。Fe 在稀土尾矿脱硝中作为活性物质，并且 Fe 的含量太少或者太多时同样会影响脱硝效率。

经过测试分析 2 号矿脱硝前后的 SEM 扫描电镜能谱，发现 2 号矿脱硝前的各种物质较为分散，而脱硝后其所包含的一些稀土元素和 Fe 等元素与活性炭聚集到一起。经过与现有的权威实验结论相比较，初步判断稀土尾矿与活性炭联合脱硝的活性成分包括 Ce、La、Nd、Pr、Fe，正是由于稀土尾矿中含有 Fe、Ce 等元素，所以稀土尾矿具有脱硝作用，同时由于尾矿中含有较多的 Ca、Si、Ba 等元素，在不处理的情况下，其脱硝效率基本维持在 30% 左右。

10 稀土尾矿多孔结构的制备

多孔陶瓷是 19 世纪 70 年代的新陶瓷材料，按照孔的不同的结构可分为两类孔：泡沫和网状。它是将由各种颗粒和各种添加剂形成的坯料，通过干燥、高温烧结后，使之具有很大的相同的孔的陶瓷材料。它是具有低密度、高渗透性、耐腐蚀和保温性能好等优点的新型功能材料。将稀土尾矿制备成多孔陶瓷结构可有效解决其原本的粉末状容易造成堵塞气路的状况，并为稀土尾矿应用于烟道脱硝领域提供初步制备方法和建议。

10.1 制备方法及流程

基于有机泡沫浸渍法，针对稀土尾矿的特殊性，配比相应的添加剂，将稀土尾矿制备成高孔隙、高渗透、耐腐蚀的多孔结构。有机泡沫浸渍法发明于 1963 年，它的独特性在于它是基于有机泡沫的特殊结构，在形成具有开孔的三维网络骨架，将制备的浆料附着在有机泡沫骨架后，干燥烧结，得到的多孔陶瓷结构体。图 10.1 所示为形成过程原理。陶瓷泡沫孔径大小和有机泡沫浆体涂层厚度的孔尺寸也有一定的关系。烧结后网状陶瓷泡沫和有机泡沫孔状结构几乎相同，都是开放的三维网状骨架结构。经常使用的有机泡沫海绵包括海绵、聚氨酯、聚氯乙烯、聚苯乙烯和胶乳。这种方法做出的具有连通孔的陶瓷泡沫的结构可以从 $150\mu m$ 孔径到几毫米，并且有 70% ~ 95% 的气孔率。有机泡沫浸渍法制得的

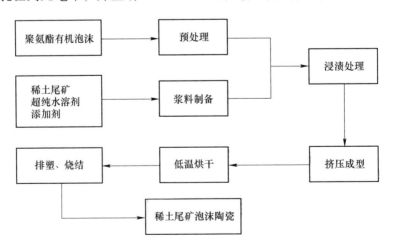

图 10.1　有机泡沫浸渍法制备泡沫陶瓷的工艺流程

Al_2O_3 质、ZnO_2 质、SiC 质、A_3S_2 质泡沫陶瓷已被广泛应用于铸造行业。

经过查询文献进行对比，要想制备出性能良好、结构稳定的稀土尾矿多孔陶瓷，选用有机泡沫法是比较合理的选择。那么工艺流程的选择，稀土尾矿的处理、有机泡沫的选择和预处理等方面将在下一章进行详细的论述。

实验选用包头钢铁集团内蒙古包头市北部白云鄂博矿区的白云鄂博稀土尾矿，粒径为 48μm 左右。聚氨酯泡沫作为挂浆骨架。其主要元素成分见表 10.1。

表 10.1 包钢稀土尾矿元素含量

成 分	Al_2O_3	SiO_2	MgO	Fe_xO_y	CaO	Ce_2O_3
含量/%	1.41	40.61	6.50	11.11	15.98	8.13
成 分	TiO_2	P_2O_5	SO_3	SrO	Nb_2O_5	MnO_2
含量/%	4.32	6.50	6.37	0.13	2.10	0.96

实验设备主要采用 VTL1600 立式管式炉，其中立管炉的刚玉管内径为 80mm，长度为 130cm，由 1800 型号硅钼棒对其进行焙烧；以及北京市永光明医疗仪器厂的 101 型电热鼓风干燥箱、250mL 烧杯、玻璃棒、胶皮手套等，整个实验流程均在空气下进行。

有机泡沫浸渍法制备有机泡沫多孔陶瓷的步骤为：

（1）用 48μm 左右稀土尾矿粉末、各种添加剂以及溶剂去离子水配制稀土尾矿浆料。

（2）把经过预处理的聚氨酯海绵在浆料浸渍中形成挂浆。

（3）对挂完浆后生坯进行挤压成型处理，排除多余的浆料。

（4）对成型后的生坯进行干燥，干燥后放在高温设备中进行烧结，排除有机泡沫体，最后得到稀土尾矿泡沫陶瓷成品。

10.2 有机泡沫的选择及预处理

10.2.1 有机泡沫的选择

在这个工艺中，有机泡沫的选择是非常重要的，因为有机泡沫的孔径在很大程度上决定了多孔陶瓷最终成品的孔径，应根据孔径和孔隙率的水平选择合适的有机泡沫。用于制备多孔陶瓷的有机泡沫必须满足以下要求：

（1）必须是开孔网状材料，以确保稀土尾矿浆料可以自由渗透、相互粘连，从而在烧结后形成多孔骨架结构。

（2）必须有一定的正的亲水性，使稀土尾矿浆料能够牢固吸附在有机泡沫上。

（3）应该具有足够的弹性，以保证能迅速恢复形状并且挤出过量的稀土尾矿浆料。

（4）有机泡沫的气化温度应该低于稀土尾矿和高温黏结剂的温度，并且在低于陶瓷烧结温度下全部气化，不会污染陶瓷。

这种可以达到要求的发泡海绵是聚氨酯，聚氨酯材料通常指聚氨甲酸乙酯（聚氨酯）、聚氯乙烯、聚苯乙烯、胶乳、纤维素等。其中，聚氨酯甲酸乙酯由于具有低的软化温度，特别适合这种有机泡沫浸渍工艺。

在实践中，一般使用高弹性、孔隙均匀、高孔隙率的海绵，并且应具有柔性聚氨酯泡沫海绵的三维网络结构，通常为 2～25 孔/cm，耐热性低于 80℃，蒸发和软化温度在 150～500℃。由于软化温度低，这样可避免热应力挥发性塑料损坏，从而防止坯体的塌陷，以确保产品的强度。

用有机泡沫制备的多孔网状陶瓷，要求与水基泥浆具有良好的黏合性，要在有机泡沫的孔筋上附着一定厚度的浆料，以确保具有一定机械强度的多孔网状产品。现在更常用的有机泡沫体是软质聚氨酯泡沫，由于有机泡沫网体之间有膜，网体之间的膜在浸渍时可能会留有多余浆料，导致堵孔；其次，聚氨酯泡沫和水基泥浆的相容性和附着力差，往往不能充分湿润的有机浆泡，导致被挂浆不均匀、挂浆量不高，造成制备出的多孔陶瓷制存在诸多缺陷。故为了获得良好性能的网状多孔陶瓷，对聚氨酯泡沫进行预处理是非常重要的。

一般对聚氨酯泡沫的表面进行改性，以改善聚氨酯海绵与稀土尾矿浆料之间的润湿性和黏附性，增加聚氨酯泡沫和浆料之间的涂层厚度。聚氨酯海绵的预处理包括碱浸、表面活性剂处理。

10.2.2　有机泡沫的预处理

用碱溶液处理聚氨酯泡沫，可有效提高聚氨酯泡沫的润湿性和黏附性，预处理工艺对泡沫陶瓷的制备是非常重要的。在该实验中，泡沫浸泡时间和碱溶液的浓度是重要的参数。实验发现，溶液浓度过高和浸泡时间过长将降低泡沫的弹性，甚至引起过度腐蚀，导致挂浆的过程中泡沫的弹性和不能恢复形状；相反，浓度过低或浸泡时间过短，会导致泡沫之间的膜不被腐蚀，不能达到预处理的要求。

泡沫在碱溶液的腐蚀作用下，泡沫骨架表面的微观结构呈粗糙状，这样的表面有两个优点：

（1）挂浆更容易，更容易制造出合格的泡沫陶瓷。

（2）泡沫表面会有许多小凹坑，挂浆时浆料会将其填充满，烧结之后会在多孔陶瓷表面显示出粗糙不平的形状。

将聚氨酯海绵切成一定形状后，在10%～20%的NaOH溶液中在40～60℃恒温水浴浸泡2～6h，捞出后清水冲洗干净，干燥测量重量，干燥后搁置待用。

图10.2所示为聚氨酯海绵浸泡在20%的质量分数的NaOH溶液以60℃恒温水浴的质量变化，在开始的2h内质量显著变化，后2h质量变化开始减小，4h后变化幅度有限，所以延长聚氨酯在碱性溶液中的浸泡时间对海绵的质量变化影响不大。

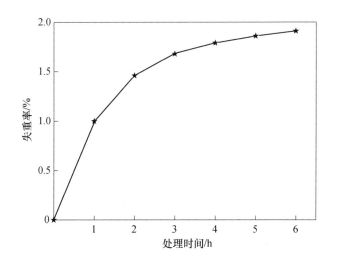

图10.2　浸泡时间与聚氨酯海绵失重率的关系

聚氨酯海绵经过碱溶液处理后，海绵的表面粗糙度提高，泡沫网体之间的膜被去除，更加有利于浆料的浸渍。

在本实验中，采用20%的NaOH溶液在水浴恒温60℃的条件下对聚氨酯海绵浸泡处理6h。

表面活性剂处理：由于聚氨酯有较强的疏水性，碱处理后，虽然表面粗糙度增加，浆料的吸附量增大，但是它的亲水性没有根本改变。本实验使用的是去离子水，有机泡沫与浆料的润湿性会比较差。这种情况会导致严重的烧结时产生裂纹，多孔陶瓷的强度显著降低，因此必须用表面活性剂处理以提高其亲水性。

表面活性剂能够在低浓度时显著降低材料的表面张力，加入量一般为0.005%～1.0%。把碱处理后的聚氨酯泡沫浸泡在表面活性剂羧甲基纤维素（CMC）中，从而牢固地附着水性聚氨酯海绵的浆料的陶瓷浆料，以改善聚氨酯泡沫体的润湿性。

经过羧甲基纤维素（CMC）溶液后的聚氨酯泡沫，表面有一层白色的CMC覆盖物，这是一种亲水性物质的白色物质，可提高聚氨酯泡沫的亲水性，有利于浆液的黏附性。图10.3所示为聚氨酯海绵用1%CMC溶液在不同时间浸泡后的增重量。

由图 10.3 可以看出，经过 1% 浓度的 CMC 浸泡处理 3h 后的聚氨酯海绵增重量最大，聚氨酯海绵吸附 CMC 溶液的量达到饱和；3h 之后增重量没有显著增加，上升趋势趋于平稳。本实验采用 1% 浓度的 CMC 溶液对聚氨酯海绵浸泡处理 3h。

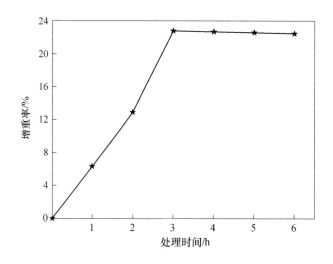

图 10.3　浸泡时间与聚氨酯海绵增重率的关系

10.3　制备过程

10.3.1　浆料的配置

为保证浆料的流动性和烧结后成品的性能，本次实验选择固相含量为 65% 的稀土尾矿浆料。以下为浆料的配制过程：

（1）准备一只 250mL 的烧杯作为浆料的容器；

（2）加入质量分数为 1% 的羧甲基纤维素溶液作为流变剂，然后搅拌均匀；

（3）加入质量分数为 1% 的十二烷基苯磺酸钠表面活性剂，然后搅拌均匀；

（4）加入 30% 高温黏结剂硅酸钠溶液并搅拌；

（5）加入 65% 稀土尾矿粉末；

（6）加入 3% 的无水乙醇并搅拌，得到搅拌均匀的所需浆料。

10.3.2　浆料的浸渍和多余浆料的挤出

聚氨酯有机泡沫在浸渍之前应当进行多次揉搓来排除空气，然后开始浸渍。其方法有常压吸附法、真空吸附法、机械滚压法及手工揉搓法，这几种方法都需要在有机泡沫时涂抹足够浆料。

浸渍后的有机泡沫，需要除去多余的浆液，最简单的方法是用两片木板挤压金子后的有机泡沫。挤压的强度和均匀性是必要的关键步骤，可处理排除多孔网状坯体内部的空气，而且还可防止因不均匀挤压造成空穴；既要挤出多余的浆液，保证在孔壁上的浆料分布均匀；还要以防止堵塞。本实验采用玻璃棒滚压成型。

将处理后的聚氨酯海绵挤压排出空气，浸入配制好的浆料，使之饱吸，这样重复几次，直至完全排除内部的空气为止，最后用玻璃棒滚压法挤出 25% ~75% 的多余的稀土尾矿浆料，使浆料比较均匀地涂抹在聚氨酯海绵的网状内部结构上，制成多孔稀土尾矿坯体。

10.3.3　坯体的干燥

为了使挤出浆料的稀土尾矿坯体干燥，可采用阴干、烘干或微波炉干燥等干燥方式，当水分降至 1.0% 以下时，即可烧结。为了缩短生产周期，通常需要制定合理的干燥制度。如果坯体没有充分干燥或干燥过快，会出现轻微的裂纹，影响产品的强度。在本研究中，在烘箱中 60℃ 干燥 6h。

10.3.4　烧结

烧结，是制备稀土尾矿陶瓷的一个非常重要的环节，此环节对于稀土尾矿泡沫陶瓷的物理和化学性质有着非常大的影响。但即使是在高温下的普通烧结，烧结体的烧结性也不能满足要求。为了减少生产成本、优化性能、实现稀土尾矿多孔陶瓷的致密化、改善烧结体的特性，烧结生产需要使用的特殊烧结方式。

在烧结过程中有两个重要的阶段，即低温阶段和高温阶段。在低温阶段，应缓慢升温使有机泡沫具有足够的时间去挥发，升温制度应该根据聚氨酯有机泡沫的热重曲线来制定。在这个阶段中，如果温度上升过快，会导致有机物剧烈氧化，在短时间内产生大量的气体，并导致坯体开裂和粉化。

对于需求量较大的产品，为了防止在烧制过程中生坯开裂，可通过调整浆料的性能来进行优化，以及提高有机泡沫浆体在网体的厚度来解决问题。选择合适的粘合剂，以改善烧结体的强度是非常重要的。烧结温度范围一般为 1000 ~ 1700℃。因为坯体是高孔隙率的材料，烧成温差较大，有时会遇到不透烧的问题，对于这样的问题一般可以延长保温时间（1~5h），从而解决问题。

多孔陶瓷烧结过程是非常复杂的，无论采用哪种方法、哪种炉子，在烧制过程中各个阶段是一系列非常复杂的物理和化学变化。原料的配比组成、颗粒的粒度、混合均匀性、坯体的组成和烧结的条件都会受到影响。在制定烧结系统时，必须要考虑成品的烧结性，同时也要考虑烧结周期的经济性。

对于稀土尾矿陶瓷的烧结，主要有两个方面的问题：

（1）烧结温度高，对设备的要求严格，成品易发生变形。

（2）在烧结过程中，特别是中后期，容易发生晶粒异常的生长，造成结构的不均匀，甚至内部包裹封闭气孔，使晶界结合强度下降。

要解决这两个问题，主要要从原料加工、配方比例制定和烧结工艺三个方面来采取措施：

（1）降低稀土尾矿的粒度，增加粉末的比表面积，改良颗粒的形状。

（2）引入添加剂制剂。

（3）采用特殊的烧结过程。

烧结制度的制定对最终成品的质量和性能有着非常巨大的影响，不合理的烧结制度会导致坯体在烧结时出现塌陷、掉渣、收缩等不良现象，影响产品的性能。所以一个合理的烧结制度的制定是稀土尾矿泡沫陶瓷产品的关键一环结。

从室温至500℃需要缓慢加热，以确保聚氨酯泡沫的挥发和焦化，因为当稀土尾矿的液相烧结尚未开始时，固相尾矿还未形成较高的强度，聚氨酯海绵泡沫是支撑体主体骨架。如果加热太迅速，会因短时间内产生大量气体，造成坯体的开裂和粉化现象，甚导致崩塌等严重后果。稀土尾矿泡沫陶瓷烧结升温速度的控制是十分重要的，通常低于600℃时要慢，特别是在阶段的温度的大量挥发性聚氨酯泡沫基质时，应采取较慢速度的升温。

为了制定合理的升温制度，对聚氨酯海绵进行差热分析。图10.4 所示为聚氨酯海绵的 *TG-DTA* 曲线。

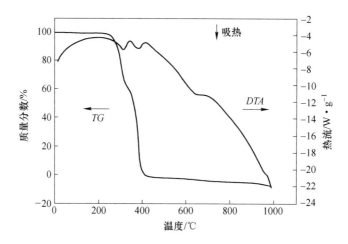

图 10.4　聚氨酯海绵的 *TG-DTA* 分析

从图 10.4 聚氨酯海绵的 *TG-DTA* 曲线中可以看出，聚氨酯海绵从 220℃ 开始失重；在 220～270℃ 温度之间失重速度缓慢；在 270～320℃ 之间失重速度明显加快；在 320～350℃ 之间失重速度减慢，出现一个明显的过渡阶段；从 350～420℃ 失重速度达到最快；420℃ 以后速度趋于平稳，质量不再发生变化，说明聚氨酯海绵在 420℃ 左右已完全分解，留下少量的土体残留。聚氨酯海绵在 315℃ 左右出现一个吸热峰，说明聚氨酯海绵可以在此温度下进行分解；在 383℃ 左右出现第二个吸热峰，之后基本不再发生重量上的变化，说明聚氨酯海绵分解接近完成。差热曲线对应的峰值与失重曲线的变化趋势基本一致。

聚氨酯海绵在高温分解过程中会产生大量气体，气体在逸出过程中将对稀土尾矿坯体产生内应力，造成坯体的破坏乃至坯体的坍塌、收缩。因此 200～450℃ 内应缓慢升温，保证聚氨酯海绵在分解过程中不破坏稀土尾矿陶瓷坯体。

图 10.5 所示为烧结温度对稀土矿多孔陶瓷结构体机械强度的影响。当烧结温度太低时坯体烧不透，成品机械强度不够，不能达到工艺要求；但烧结温度太高时，成品出现软化、变形、收缩等现象。为确保制备产物有良好的机械强度并且能够最好的保持网状结构，最终制定的烧结温度为 1050℃。

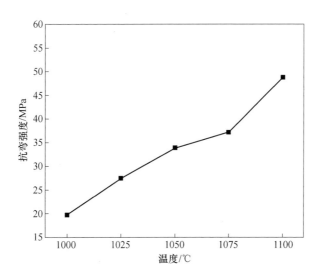

图 10.5　烧结温度对机械强度的影响

烧结稀土尾矿泡沫陶瓷的升温曲线见表 10.2。

表 10.2　烧结稀土尾矿泡沫陶瓷的升温曲线

温度范围/℃	时间长度/min
室温～200	40
200～700	360

温度范围/℃	时间长度/min
700	60
700 ~ 1050	40
1050	60
之后随炉自然冷却	

10.4　浆料添加剂配方的探究

泡沫陶瓷的添加剂是一种无机或有机物质和两个综合体、衍生物的混合体，其中各种新型陶瓷添加剂是现代化工业的高科技产品，其优异的性能推进了陶瓷行业以高品质、高效率向前发展。添加剂在制备时添加量并不大，一般添加 0.5% ~ 2.0%（质量分数），但作用是非常关键的，它可以显著提高陶瓷的物理性质，以满足生产工艺和性能要求，显著提高产品质量，提高生产效率。

添加剂根据使用的要求可分为流变剂、消泡剂、黏合剂、矿化剂、絮凝剂、平滑剂、表面活性剂、分散剂等。结合稀土尾矿多孔陶瓷的制备工艺工序，本实验选择的添加剂主要为分散剂、黏结剂、消泡剂、表面活性剂。

本实验使用的添加剂见表 10.3。

表 10.3　本实验使用的添加剂

名　称	用　途	备　注
羧甲基纤维素钠（CMC）	流变剂、表面活性剂、低温黏结剂	化学纯
硅酸钠溶液	高温黏结剂	化学纯
无水乙醇	消泡剂	分析纯
十二烷基苯磺酸钠	表面活性剂	化学纯

图 10.6 所示为硅酸钠添加量对挂浆量的影响。在浆料中随着黏结剂硅酸钠质量分数的增加，海绵的挂浆量也随之增加，但根据实验现象发现，当硅酸钠的含量小于 2% 时，挂浆量很小，浆料很难浸渍到海绵内；同时又发现当硅酸钠的含量大于 7% 时挂浆量又减少。可能是硅酸钠质量分数低的时候浆料的化学触变性弱，并且浆料中的硅酸钠质量分数越大黏度就越大。

图 10.7 表明，当尾矿的质量分数小于 30% 时，由于浆料太稀很难挂靠在海面内，当质量分数小于 52% 时会出现堵孔和大凹坑共存的现象，当质量分数大于 75% 时由于浆料的流动性变差导致堵孔现象更加严重。

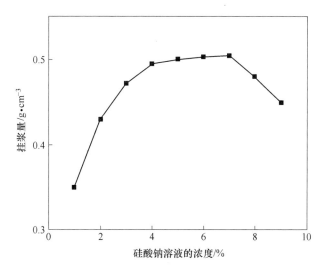

图 10.6 硅酸钠所占的质量分数对挂浆量的影响

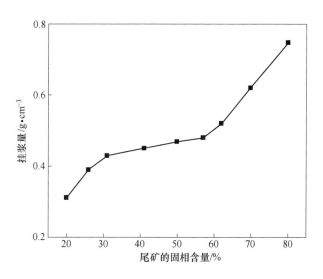

图 10.7 尾矿的固相含量对挂浆量的影响

10.5 催化剂的性能

运用有机泡沫浸渍法制备得到稀土尾矿多孔陶瓷结构后,再通过矿相结构显微镜和 SEM 扫描电镜观察其微观下的表面变化,并通过 X 射线衍射进行物质结构的表征,以此来判断多孔陶瓷结构稀土尾矿表面与物质结构的变化。

10.5.1　比表面积（BET）分析

比表面积（BET）孔径孔容分析：采用 AUTOSORB-1 型低温 N_2 吸附仪（77K，N_2 为吸附质，He 为吹扫气）测定，样品150℃预处理2h，通过多点 BET 法计算比表面积，采用 BJH 模型分析孔径孔容。

表 10.4 为制备前后的稀土尾矿比表面积、孔径、孔容测试结果。由表 10.4 可知，稀土尾矿经过有机泡沫浸渍法制备后明显提高了比表面积和孔容，未制备的稀土尾矿粉末的比表面积仅为 $0.259m^2/g$，而经过有机泡沫浸渍法制备成多孔结构后比表面积增加至 $0.977m^2/g$，且随着聚氨酯泡沫孔径的增加，比表面积和孔容也逐渐增加。由此可见，制备后的稀土尾矿的多孔结构的比表面积是制备前的 4 倍左右，大大增加了稀土尾矿的比表面积。

表 10.4　稀土尾矿催化剂比表面积、孔容、孔径测试结果

稀 土 尾 矿	比表面积$/m^2 \cdot g^{-1}$	孔容$/m^3 \cdot g^{-1}$	孔径/nm
制备前	0.259	0.002	30.793
制备后	0.977	0.004	13.979

10.5.2　扫描电镜（SEM）对比分析

为考察稀土尾矿经过有机泡沫浸渍法制备后，其表面形貌的变化，对制备后的稀土尾矿催化剂表面进行 SEM 检测。

图 10.8、图 10.9 所示为包钢稀土尾矿制备前后同等放大倍数下的扫描电镜

图 10.8　稀土矿制备前的扫描电镜图（SEM）

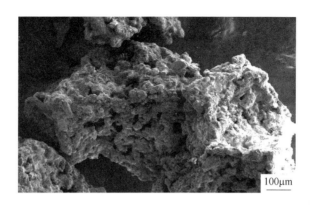

图 10.9　稀土矿制备后的扫描电镜图（SEM）

（SEM）图像。可以看出，包钢稀土尾矿在制备前的状态是粒径为 48μm 级的粉末状，采用有机泡沫浸渍法制备后，稀土矿颗粒已经聚集在一起，并且不仅有着丰富的大孔，同时也存在着较好的介孔孔隙。

　　图 10.10 所示为按照上述定制方案制备的包钢稀土矿多孔陶瓷结构体，由于有机泡沫浸渍法的特殊性，制备时可随意控制催化剂形体，所以在进行脱硝实验时，可将此结构体卡在管式炉内的刚玉管中，充当过滤作用，并且形状可通过有机泡沫进行随意变化。

图 10.10　利用包钢稀土矿制备的多孔陶瓷材料

10.5.3　对活性炭还原 NO 的影响

　　图 10.11 所示为稀土尾矿对活性炭还原 NO 的影响，下面进行相应的分析。

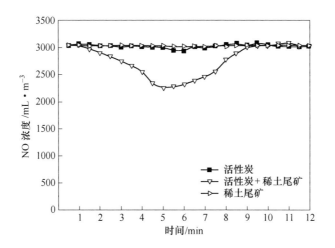

图 10.11　稀土尾矿对活性炭还原 NO 的影响

由图 10.11 可以看出，NO 气体单独通过活性炭时，其浓度基本上没有变化，同样 NO 气体单独通过稀土尾矿时，其浓度也基本上没有变化；但稀土尾矿与活性炭混合后再通入 NO 气体，可发现 NO 的浓度明显减小，并且减小速率在增大，随着活性炭粉的消耗，NO 的浓度逐渐回升，说明稀土尾矿与活性炭混合具有联合脱硝作用。

10.6　本章小结

（1）将一定形状的聚氨酯有机泡沫在 20% 浓度的 NaOH 溶液中进行浸泡，时间为 6h。经过碱性溶液浸泡后聚氨酯有机泡沫的表面粗糙度得到了增加，网孔之间的膜被去除，浸渍稀土尾矿浆料的挂浆量得到了提高。泡完碱性溶液后的聚氨酯有机泡沫，在干燥后应当继续在 1% 浓度下的羧甲基纤维素钠（CMC）溶液中进行浸泡，时间是 3h。浸泡 20% 浓度的 NaOH 碱性溶液后的聚氨酯泡沫的亲水性依旧比较差，因为那只能改变聚氨酯海绵的表面粗糙程度，并不能与稀土尾矿浆料形成良好的挂浆，而经过表面活性剂 CMC 的处理之后，可有效改善聚氨酯海绵的亲水性，大幅度提高聚氨酯海绵的挂浆量。

（2）随着稀土尾矿浆料固相含量的提高，浆料的黏度也会上升，当稀土尾矿浆料的黏度过大时，会使浆料分布不均，同时在浸渍聚氨酯泡沫时不能够使浆料充分地挂在泡沫的表面，在烧结后有可能在内部形成空洞；然而当稀土尾矿浆料的固相含量较小时，浆料的黏度虽然会减小，但是烧结后的性能不佳，不能达到预期效果。本实验确定当稀土尾矿的浆料固相含量达到 65%、稀土尾矿的粒度约为 300 目、CMC 加入的质量分数为 0.2%、十二烷基本磺酸钠的加入的质量分数为 1%、20% 浓度的硅酸钠溶液添加量为浆料的 30%、浆料的 pH 值在 10 ~ 12 左右时，可以得到固相含量较高、稳定均匀、流变性良好、可以用于浸渍的稀土尾矿浆料。

（3）聚氨酯海绵浸入稀土尾矿浆料后，采用玻璃棒滚压法以除去多余的浆液，这种方法会使聚氨酯海绵在孔隙上挂浆均匀。挤压出多余的浆液之后，需在 60℃ 的烘干箱内烘干 12h 以上，等到坯体的水分下降到 1% 以下时，再进行高温烧结。

参 考 文 献

［1］ Roy S, Hegde M S, Madras G. Catalysis for NO abatement ［J］. Applied Energy, 2009, 86 (11): 2283 ~ 2297.

［2］ 李晓芸, 赵毅, 王修彦. 火电厂有害气体控制技术 ［M］. 北京: 中国水利水电出版社。 2005: 126, 144.

［3］ 蒋文举. 烟气脱硫脱硝技术手册 ［M］. 北京: 化学工业出版社, 2006: 1 ~ 30.

［4］ Chaugule S S, Yezerets A, Currier N W, et al. 'Fast' NO_x storage on Pt/BaO/y-Al_2O_3 lean NO traps with $NO_2 + O_2$ and $NO + O_2$: Effects of Pt, Ba loading ［J］. Catalysis Today, 2010, 151 (3~4): 291 ~ 303.

［5］ Luan T, Wang X, Hao Y, et al. Control of NO emission during coal reburning ［J］. Applied Energy, 2009, 86 (9): 1783 ~ 1787.

［6］ 张强. 燃煤电站 SCR 烟气脱硝技术及工程应用 ［M］. 北京: 化学工业出版社, 2007: 15 ~ 17.

［7］ Willey R J, Eldridge J W, Kittrell J R. Mechanistic model of the selective catalytic reduction of nitric oxide with ammonia ［J］. Industrial & Engineering Chemistry Product Research and Development, 1985, 24 (2): 226 ~ 233.

［8］ Singoredjo L, Korver R, Kapteijn F, et al. Alumina supported manganese oxides for the low-temperature selective catalytic reduction of nitric oxide with ammonia ［J］. Applied Catalysis B: Environmental, 1992, 1 (4): 297 ~ 316.

［9］ 钟秦. 燃煤烟气脱硫脱硝技术及工程实例 ［M］. 北京: 化学工业出版社, 2002: 293 ~ 295.

［10］ 沈学静, 王海舟. 固定源 NO_x 的排放控制及 NO_x 催化剂的应用 ［J］. 钢铁, 2000, 35 (9): 68 ~ 72.

［11］ 王欣. SCR 板式催化剂的制备与脱硝性能实验研究 ［D］. 北京: 北京交通大学, 2009.

［12］ Zhou G, Zhong B, Wang W, et al. In situ DRIFTS study of NO reduction by NH_3, over Fe-Ce-Mn/ZSM-5 catalysts ［J］. Catalysis Today, 2011, 175 (1): 157 ~ 163.

［13］ Long R Q, Yang R T. Selective Catalytic Reduction of Nitrogen Oxides by Ammonia over Fe-Exchanged TiO_2-Pillared Clay Catalysts ［J］. Journal of Catalysis, 1999, 186 (2): 254 ~ 268.

［14］ Cao F, Su S, Xiang J, et al. The activity and mechanism study of Fe-Mn-Ce/y-Al_2O_3 catalyst for low temperature selective catalytic reduction of NO with NH_3 ［J］. Fuel, 2015, 39: 232 ~ 239.

［15］ 郭锡坤, 陈庆生, 王小朋. Cu/SO_4^{2-}/La_2O_3-ZrO_2-Al_2O_3 催化剂的制备及其对 C_3H_6 选择性还原 NO 的催化性能 ［J］. 无机化学学报, 2006, 22 (6): 988 ~ 994.

［16］ 郭建军, 杨美华, 陈昭平, 等. 镧对混合型贵金属尾气净化催化剂性能的影响 ［J］. 江西科学, 2002, 20 (1): 28 ~ 30.

［17］ 赵欣, 黄垒, 李红蕊, 等. 过渡金属 (Cu, Fe, Mn, Co) 改性高分散 V_2O_5/TiO_2 作为高效 NH_3-SCR 脱硝催化剂 ［J］. 催化学报, 2015, 36 (11): 1886 ~ 1899.

［18］ 相玮, 张亚平, 沈凯, 等. 铈对钒系 Ti-Sn 基 SCR 脱硝催化剂的改性研究 ［J］. 中南大

学学报（自然科学版），2014，45（9）：293～295.

[19] 高岩，栾涛，彭吉伟，等. 四元 SCR 催化剂 V_2O_5-WO_3-MoO_3/TiO_2 脱硝性能［J］. 功能材料，2013，44（14）：2092～2096.

[20] 洪杰南. 锰系低温 SCR 多元催化剂制备及其脱硝性能研究［D］. 上海：上海电力学院，2014.

[21] 张丹，姜英男，李云飞，等. 新型含 Ni 中温多元金属氧化物脱硝催化剂的合成、表征及催化活性测试［J］. 化学试剂，2018（1）：7～11.

[22] 吴杰. V_2O_5-WO_3-MoO_3/TiO_2 催化剂脱硝性能的试验研究［D］. 杭州：浙江大学，2006.

[23] Qi Gongshin, Yang R T, Chang R. MnO_x-CeO_2, mixed oxides prepared by co-precipitation for selective catalytic reduction of NO with NH_3, at low temperatures［J］. Applied Catalysis B Environmental, 2004, 51（2）：93～106.

[24] Qi Gongshin, Ralph T Yang. Performance and kinetics study for low-temperature SCR of NO with NH_3, over MnO_x-CeO_2, catalyst［J］. Journal of Catalysis, 2003, 217（2）：434～441.

[25] Pena D A, Uphade B S, Reddy E P, et al. Identification of Surface Species on Titania-Supported Manganese, Chromium, and Copper Oxide Low-Temperature SCR Catalysts［J］. Journal of Physical Chemistry B, 2004, 108（28）：9927～9936.

[26] Fabrizioli P, Bürgi T, Baiker A. Manganese Oxide-Silica Aerogels：Synthesis and Structural and Catalytic Properties in the Selective Oxidation of NH_3［J］. Journal of Catalysis, 2002, 207（1）：88～100.

[27] Kijlstra W S, Brands D S, Smit H I, et al. Mechanism of the Selective Catalytic Reduction of NO with NH_3 over MnO_x/Al_2O_3［J］. Journal of Catalysis, 1997, 171（1）：219～230.

[28] Ramis G, Larrubia M A. An FTIR study of the adsorption and oxidation of N-containing compounds over Fe_2O_3/Al_2O_3 SCR catalysts［J］. Journal of Molecular Catalysis A：Chemical, 2004, 215：161～167.

[29] Fabrizioli P, Burgi T, Baiker A. Environmental Catalysis on Iron Oxide-Silica Aerogels：Selective Oxidation of NH_3 and Reduction of NO by NH_3［J］. Journal of Catalysis, 2002, 206（1）：143～152.

[30] 卢慧霞，归柯庭. 铁矿石 SCR 低温脱硝催化剂的改性研究［J］. 动力工程学报，2017，37（9）：726～731.

[31] 杜军，李国云，刘仁龙，等. 氧化锰矿渣改性制备 SCR 脱硝催化剂［J］. 环境工程学报，2012，6（10）：3762～3766.

[32] 邹鹏. 钒钛 SCR 烟气脱硝催化剂的改性研究［D］. 济南：山东大学，2012.

[33] 吴惊坤. 改性赤泥催化剂制备及其脱硝性能优化［D］. 济南：山东大学，2017.

[34] 孙旭光，姚强，郭鲁阳. 飞灰改进脱硝催化剂小型工业化试验研究［J］. 热力发电，2006，35（10）：24～27.

[35] 刘长慷. 改性多元氧化物脱硝催化剂制备及性能研究［D］. 重庆：重庆大学，2013.

[36] Zhong L, Zhong Q, Cai W, et al. Promotional effect and mechanism study of nonmetal-doped $Cr/Ce_xTi_{1-x}O_2$ for NO oxidation：Tuning O_2 activation and NO adsorption simultaneously［J］.

Rsc Adv, 2016, 6 (25): 21056~21066.

[37] Yang W W, Liu F D, Xie L J, et al. Effect of V_2O_5 Additive on the SO_2 Resistance of a Fe_2O_3/AC Catalyst for NH_3-SCR of NO_x at Low Temperatures [J]. Ind Eng Chem Res, 2016, 55 (10): 2677~2685.

[38] Zhu L, Zhang L, Qu H X, et al. A study on chemisorbed oxygen and reaction process of Fe-CuO_x/ZSM-5 via ultrasonic impregnation method for low-temperature NH_3-SCR [J]. J Mol Catal a-Chem, 2015, 409: 207~215.

[39] Du T Y, Qu H X, Liu Q, et al. Synthesis, activity and hydrophobicity of Fe-ZSM-5@ sili-calite-1 for NH_3-SCR [J]. Chem Eng J, 2015, 262: 1199~1207.

[40] Pan S W, Luo H C, Li L, et al. H_2O and SO_2 deactivation mechanism of MnO_x/MWCNTs for low-temperature SCR of NO_x with NH_3 [J]. J Mol Catal a-Chem, 2013, 377: 154~161.

[41] Wang H Q, Wang J, Wu Z B, et al. NO Catalytic Oxidation Behaviors over CoO_x/TiO_2 Cata-lysts Synthesized by Sol-Gel Method [J]. Catal Lett, 2010, 134 (3~4): 295~302.

[42] Wu Z B, Jin R B, Liu Y, et al. Ceria modified MnO_x/TiO_2 as a superior catalyst for NO re-duction with NH_3 at low-temperature [J]. Catal Commun, 2008, 9 (13): 2217~2220.

[43] Zhang L, Qu H X, Du T Y, et al. H_2O and SO_2 tolerance, activity and reaction mechanism of sulfated Ni-Ce-La composite oxide nanocrystals in NH_3-SCR [J]. Chem Eng J, 2016, 296: 122~131.

[44] Geng Y, Shan W P, Xiong S C, et al. Effect of CeO_2 for a high-efficiency CeO_2/WO_3-TiO_2 catalyst on N_2O formation in NH_3-SCR: A kinetic study [J]. Catal Sci Technol, 2016, 6 (9): 3149~3155.

[45] Li R H, Zhou S. The preparation of Honeycomb Cordierite Mn-Ce/TiO_2 catalyst and denitration performance [J]. Adv Mater Res-Switz, 2013, 744: 370~374.

[46] Gupta A, Waghmare U V, Hegde M S. Correlation of Oxygen Storage Capacity and Structural Distortion in Transition-Metal-, Noble-Metal-, and Rare-Earth-Ion-Substituted CeO_2 from First Principles Calculation [J]. Chem Mater, 2010, 22 (18): 5184~5198.

[47] ROMEO M, BAK K, FALLAH E J, et al. XPS Study of the reduction of cerium dioxide [J]. Surf Interf Anal, 1993, 20 (6): 508~512.

[48] LIU Fu-dong, HE Hong. Structure-activity relationship of iron titanate catalysts in the selective catalytic: reduction of NO_x with NH_3 [J]. J Phi Chem C, 2010, 114 (40): 16929~16936.

[49] THIRUPATHI B, SMIRNIOTIS P. Nickel-doped Mn/TiO_2 as an efficient catalyst for the low-temperature SCR of NO with NH_3: catalytic evaluation and characterizations [J]. J Catal, 2014, 288 (4): 74~83.

[50] Liu F, He H, Ding Y, et al. Effect of manganese substitution on the structure and activity of i-ron titanate catalyst for the selective catalytic reduction of NO with NH_3 [J]. Appl Catal B, 2009, 93 (1~2): 194~204.

[51] 郝临山, 曾凡桂. 洁净煤技术 [M]. 北京: 化学工业出版社, 2005.

[52] 曾凡桂. 中国煤炭性质、分类和利用 [M]. 北京: 化学工业出版社, 2016.

[53] 马宝岐，张秋民．半焦的利用［M］．北京：冶金工业出版社，2014.

[54] 车得福．煤氮热变迁与氮氧化物生成［M］．西安：西安交通大学出版社，2013.

[55] 李俊华，郝吉明，傅立新，等．镧、铈对 Pt，In/Al$_2$O$_3$ 催化剂选择性还原 NO 性能的影响［J］．中国稀土学报，2003，21：48~51.

[56] Li Lulu，Zhang Lei，Ma Kaili，et al. Ultra-low loading of copper modified TiO$_2$/CeO$_2$ catalysts for low-temperature selective catalytic reduction of NO by NH$_3$［J］．Applied Catalysis B：Environmental，2017，207：366~375.

[57] Carja G，Delahay G，Signorite C，et al. Fe-Ce-ZSM-5 a new catalyst of outstanding properties in the selective catalytic reduction of NO with NH$_3$［J］．Chemical Communication，2004，35（36）：1404~1409.

[58] 王书霞．CO 同步催化还原 SO$_2$ 和 NO 的实验研究［D］．武汉：华中科技大学，2007.

[59] 王磊，马建新，路小峰，等．稀土氧化物上 SO$_2$ 和 NO 的催化还原：Ⅰ．催化剂的活化特性和机理［J］．催化学报，2000，21（6）：542~545.

[60] Liese T，Loffler E，Grunert W. Selective catalytic reduction of NO by Methane over CeO$_2$-Zeolite Catalysts-Active Sites and Reaction Steps［J］．Journal of Catalysis，2001，197（1）：123~130.

[61] 朱江．尾矿资源综合利用研究与实践［J］．矿业快报，2000（10）：84~88.

[62] 林东鲁，李春龙，邬虎林．白云鄂博特殊矿采冶工艺攻关与技术进步［M］．北京：冶金工业出版社，2007.

[63] 吴旭，王建英，李保卫，等．白云鄂博矿脱磷选铁及部分回收稀土、铌的新工艺［J］．中国稀土学报，2016，34（4）：486~493.

[64] 许道刚，王建英，李保卫，等．白云鄂博矿中稀土、铁综合回收的新工艺研究［J］．中国稀土学报，2015，33（5）：633~640.

[65] 赵喜伟，高占勇，常翔鸣，等．Al$_2$O$_3$ 对稀土尾矿微晶玻璃结构和性能的影响［J］．中国陶瓷，2013，49（3）：59~62.

[66] 徐晶，严义云，严群，等．用离子型稀土尾矿制备多孔免烧陶粒［J］．金属矿山，2014，12：129~133.

[67] 俞秀金，林建新．利用稀土尾矿制备高强度高活性氨合成催化剂［J］．稀土，2005，26（3）：47~50.

[68] 陈熙，刘以珍，李金前．稀土尾矿土壤细菌群落结构对植被修复的响应［J］．生态学报，2016，36（13）：3943~3950.

[69] 王擎，李涛，贾春霞．AKTS 模拟分析龙口油页岩与半焦混烧动力学特性［J］．化工进展，2016，35（2）：144~150.

[70] 李润东，池涌，李水清，等．废轮胎热解半焦燃烧动力学研究［J］．煤炭转化，2002，25（1）：38~44.

[71] 李庆钊，赵长遂，陈晓平，等．O$_2$/CO$_2$ 气氛燃煤半焦孔隙特性分析［J］．工程热物理学报，2009，30（9）：1605~1608.

[72] 周毅．半焦孔隙结构和加压燃烧特性的试验研究［D］．南京：东南大学，2005.

[73] 马强，王勤辉，韩龙，等．O$_2$/CO$_2$ 气氛下生物质半焦加压燃烧特性的实验研究［J］．新

能源及工艺，2010（2）：33～40.

[74] 谷小兵. 半焦加压燃烧特性研究 [D]. 南京：东南大学，2016.

[75] 刘典福，魏小林，盛宏至. 半焦燃烧特性的热重试验研究 [J]. 工程热物理学报，2007，28（2）：229～232.

[76] Despina Vamvuka, Guido Schwanekamp, Heinrich W, et al. Combustion of pulverized coal with additives under conditions simulating blast furnace infection [J]. Fuel, 1996, 75 (9): 1145～1150.

[77] 杨忠灿，刘家利，王志超，等. 半焦着火性能评价指标在电站锅炉上的应用 [J]. 热力发电，2017，46（3）：109～113.

[78] Cai H Y, Guell A J, Chatzakis I N, et al. Combustion reactivity and morphological. change in coal chars: effect of pyrolysis temperature, heating rate and pressure [J]. Fuel, 1996, 75 (1): 15～24.

[79] 孙锐，廖坚，Leungo Kelebopile，等. 等温热重分析法对煤焦反应动力学特性研究 [J]. 煤炭转化，2010，33（2）：57～63.

[80] Sushil Gupta, Yaser Al-omari, Veena Sahajwalla, et al. Influence of Carbon Structure and Mineral Association of Coals on Their Combustion Characeristics for Pulverized Coal Injection (PCI) Application [J]. Metallurgical & Materials Transactions B, 2006, (37): 457～473.

[81] Kalkreuth W, Borrego A G, Alvarez D, et al. Exploring the possibilities of using Brazilian sub-ituminous coals for blast furnace pulverized fuel injection [J]. Fuel, 2005, 84 (6): 763～772.

[82] Raymond Everson, Hein Neomagus, Rufaro Kaitano. The modeling of the combustion of high-ash coal-char particles suitable for pressurised fluidized bed combustion: Shrinking reacted core model [J]. Fuel, 2005, 84 (9): 1136～1143.

[83] Raymond C Everson, Hein W J P Neomagus, Henry Kasaini, et al. Reaction kinetics of pulverized coal-chars derived from inertinite-rich coal discards: Characterisation and combustion [J]. Fuel, 2006, 85 (7～8): 1067～1075.

[84] Jayanti S, Maheswaran K, Saravanan V. Assessment of the effect of high ash content in pulverized coal combustion [J]. Applied Mathematical Modelling, 2007, 31: 934～953.

[85] 邱宽嵘. 高灰分煤焦流化床2段燃烧数学模型 [J]. 煤炭学报，1996，21（3）：310～314.

[86] 滕英跃，宋银敏，李阳，等. 胜利褐煤半焦显微结构及其燃烧反应性能 [J]. 煤炭学报，2015，40（2）：456～462.

[87] 王擎，王旭东，贾春霞，等. 采用绝对反应速率理论研究油页岩半焦与玉米秸秆混烧反应机制 [J]. 中国电机工程学报，2013，33（5）：28～34.

[88] 付鹏睿，何选明，张容，等. 低阶煤与冷轧氧化铁红共热解半焦的燃烧特性 [J]. 青岛科技大学学报，2015，36（2）：179～184.

[89] 苏亚欣，毛玉如，徐璋，等. 燃煤氮氧化物排放控制技术 [M]. 北京：化学工业出版社，2005.

[90] 岑可法，姚强，骆仲泱，等. 燃烧理论与污染控制 [M]. 北京：机械工业出版

社，2004.

[91] 刘煜，李冠华，闫安民. 挥发分氮和焦炭氮对 N_2O 生成的相对贡献的研究方法——对"原煤/焦炭分别燃烧实验法"的研讨 [J]. 中国电机工程学报，2000，20（3）：71～75.

[92] 杨彪，焦晶晶，龚志军，等. O_2/CO_2 半焦煤燃料 N 向 NO_x 转化规律试验研究 [J]. 环境工程，2016，34（6）：110～113.

[93] 刘彦，陈芳，徐江荣，等. O_2/CO_2 煤粉燃烧及 NO_x 污染排放的数值模拟 [J]. 化工学报，2010，61（8）：2061～2066.

[94] 曾光，孙绍增，赵志强，等. 不同温度时煤热解中 HCN/NH_3 的析出与 CFB 锅炉中 NO_x 生成的关联性研究 [J]. 中国电机工程学报，2011，31（35）：47～52.

[95] Harding A W, Brown S S, Thomas K M. Release of NO from the combustion of coal chars [J]. Combustion & Flame, 1996, 107（4）：336～350.

[96] 周志军，周宁，陈瑶姬，等. 低挥发分煤燃烧特性及 NO_x 生成规律的试验研究 [J]. 中国电机工程学报，2010，30（29）：55～61.

[97] Lin S, Suzuki Y, Hatano H. Effect of pressure on NO_x emission from char particle combustion [J]. Energy and Fuels, 2002, 16（3）：634～639.

[98] Xu W C, Kumagai M. Nitrogen evolution during rapid hydropyrolysis of coal [J]. Fuel, 2002, 81：2325～2334.

[99] 孟德润，周俊虎，赵翔，等. O_2/CO_2 气氛下氮反应机理的研究 [J]. 环境科学学报，2005，25（8）：1011～1014.

[100] 王贲，孙路石，苏胜，等. O_2/CO_2 气氛中低氧浓度下煤粉和煤焦的 NO 生成规律 [J]. 煤炭学报，2012，37（3）：501～505.

[101] 董小瑞，刘汉涛，张翼，等. 不同反应气氛下燃料氮的析出规律 [J]. 动力工程，2008，28（3）：438～441.

[102] 仝志辉，王永征，路春美. 反应气氛对燃料氮析出规律的影响研究 [J]. 锅炉技术，2009，40（3）：23～26.

[103] Wendt J O L. Mechanisms governing the formation and destruction of NO_x and other nitrogenous species in low NO_x coal combustion systems [J]. Combustion Science and Technology, 1995, 108（4～6）：323～344.

[104] 景晓霞，常丽萍，谢克昌. 反应气氛对煤热解过程中 NH_3 释放的影响 [J]. 煤炭转化，2005，28（1）：14～16.

[105] 周昊，翁安心，岑可法，等. 不同煤种挥发氮析出过程的数值模拟与试验研究 [J]. 热能动力工程，2004，19（2）：127～130.

[106] 朱全利，曾汉才，聂明局，等. 滴管炉中不同煤种 NO_x 生成量的实验研究 [J]. 华中电力，1999，12（1）：24～26.

[107] 朱全利，曾汉才，聂明局，等. 滴管炉中煤粉燃烧 NO_x 生成量的实验研究 [J]. 华中理工大学学报，1999，27（10）：104～106.

[108] 巩志强，刘志成，朱治平，等. 半焦燃烧及煤热解燃烧耦合试验研究 [J]. 煤炭学报，2014，39（2）：519～525.

［109］ Qiong Jia, Che Defu, Liu Yinhe, et al. Effect of the cooling and reheating during coal pyrolysis on the conversion from char-N to NO/N$_2$O ［J］. Fuel Processing Technology, 2009, 90 (1)：8～15.

［110］ Kidena K, Hirose Y, Aibara, et al. Analysis of nitrogen-containing species during pyrolysis of coal at two different heating rates ［J］. Energy and Fuel, 2000, 14：184～189.

［111］ 冯志华, 聂百胜, 常丽萍, 等. 神木煤热解形成 NO$_x$ 前驱物的影响因素研究 ［J］. 洁净煤技术, 2005, 11 (4)：46～50.

［112］ 蒋信, 范卫东, 赵达, 等. 大同烟煤空气分级燃烧 NO$_x$ 生成特性的试验研究 ［J］. 锅炉技术, 2016, 47 (1)：54～58.

［113］ 朱建国, 贺坤, 欧阳子区, 等.0.2MW 细粉半焦预热燃烧试验研究 ［J］. 电站系统工程, 2015, 31 (5)：9～12.

［114］ 杨建华. 循环流化床锅炉设备及运行 ［M］. 北京：中国电力工业出版社, 2010.

［115］ Armesto L, Boerrigter H, Bahillo A, et al. N$_2$O Emissions from fluidised bed combustion：the effect of fuel characteristics and operating condition ［J］. Fuel, 2003, 82 (15)：1845～1850.

［116］ 李伟, 李诗媛, 徐明新, 等. 循环流化床富氧燃烧 NO 和 N$_2$O 的排放特性 ［J］. 燃烧科学技术, 2015, 21 (4)：307～312.

［117］ 刘典福. 半焦在内循环流化床中的燃烧特性 ［J］. 安徽工业大学学报（自然科学版）, 2010, 27 (3)：269～273.

［118］ 常丽萍. 反应气氛对煤及半焦中含氮物释放的影响 ［D］. 山西：太原理工大学, 2005.

［119］ 王耀鑫. 循环流化床燃烧 NO$_x$ 排放特性分析 ［J］. 热能动力工程, 2016, 31 (2)：129～132.

［120］ Taniguchi M, Kobayashi H, Kiyama K. Comparison of flame propagation properties of petroleum coke of different rank ［J］. Fuel, 2009, 88 (8)：1478～1484.

［121］ Lee J M, Kim J S, Kim J J. Combustion characteristics of Korean anthracite in a CFB reactor ［J］. Fuel, 2003, 82 (11)：1349～1357.

［122］ Zondlo J W, Velez M R. Development of surface area and pore structure for activation of anthracite coal ［J］. Fuel Processing Technology, 2007, 88 (4)：369～374.

［123］ Wu S Y, G U J, Zhang X, et al. Variation of carbon crystalline structures and CO$_2$ gasification reactivity of Shenfu coal chars at elevated temperatures ［J］. Energy & Fuels, 2008, 22 (1)：199～206.

［124］ 苟湘, 周俊虎, 周志军, 等. 烟煤煤粉及热解产物对 NO 的还原特性实验研究 ［J］. 中国电机工程学报, 2007, 27 (23)：12～17.

［125］ Molina A, Eddings E G, Pershing D W, et al. Char nitrogen conversion：implication to emission from coal fired utility boilers ［J］. Progress in Energy and Combustion Science, 2000, 26 (4)：507～531.

［126］ 韩昭沧. 燃料及燃烧 ［M］. 北京：冶金工业出版社, 2007.

［127］ 邹冲. 高炉喷吹煤粉催化强化燃烧机理及应用基础研究 ［D］. 重庆：重庆大学, 2014.

[128] 张辉，邹念东，刘应书，等. 添加剂对煤粉燃烧过程活化能变化规律的影响 [J]. 煤炭学报，2013，38（3）：461～465.

[129] Ma B G, Li X G, Xu L, et al. Investigation on catalyzed combustion of high ash coal by thermogravimetric analysis [J]. Thermochimica Acta, 2006, 445 (1): 19～22.

[130] Zhang L M, Tan Z C, Wang S D, et al. Combustion calorimetric and Thermogravimetric studies of graphite and coals doped with a coal-burning additive [J]. Thermochimica Acta, 1997, 299 (1～2): 13～17.

[131] Gong X, Guo Z, Wang Z. Reactivity of pulverized coals during combustion catalyzed by CeO_2 and Fe_2O_3 [J]. Combustion and Fuel, 2010, 157 (2): 351～356.

[132] Vargas M A L, Casanova M, et al. An 1R study of thermally stable V_2O_5-WO_3-TiO_2 SCR catalysts modified with silica and rare-earths (Ce, Tb, Er) [J]. Applied Catalysis B: Environmental, 2007, 75: 303～311.

[133] Zhang X K, Walters A B, Vannice M A. NO reduction by CH_4 over rare earth oxides [J]. Catalysis Today, 1996, 27: 41～47.

[134] 王磊，马建新，孙凡，等. 稀土氧化物上 SO_2 和 NO 的催化还原（Ⅲ）用 CO 作还原剂的同步脱硫和脱氮 [J]. 高等学校化学学报，2002，23（5）：897～901.

[135] 何勇，童华，童志权，等. 新型 $CuSO_4$-CeO_2/TS 催化剂低温 NH_3 还原 NO 及抗中毒性能 [J]. 过程工程学报，2009，9（2）：360～367.

[136] 赵清森，周英彪，向军，等. CuO-CeO_2-MnO_x/γ-Al_2O_3 催化剂选择性催化还原 NO [J]. 燃料化学学报，2009，37（3）：360～366.

[137] 胡荣祖，史启祯. 热分析动力学 [M]. 北京：科学出版社，2001.

[138] 曹世翰. 燃煤电厂烟气脱硫脱硝技术的进展分析 [J]. 科学中国人，2017（1Z）：38～39.

[139] 杨加强，梅毅，王驰，等. 湿法烟气脱硝技术现状及发展 [J]. 化工进展，2017，02：695～704.

[140] Jeong B, Ye B, Kim E S, et al. Characteristics of selective catalytic reduction (SCR) catalyst adding graphene-tungsten nanocomposite [J]. Catalysis Communications, 2017, 93: 15～19.

[141] 路金勋，高新宇. 循环流化床锅炉中 SNCR 系统控制流程的探讨 [J]. 锅炉制造，2017（1）：17～19.

[142] 王秩良. 南美某电厂项目循环流化床锅炉调试综述 [J]. 能源与环境，2017（1）：34～36.

[143] 洪志辉. 环境保护与经济发展的和谐统一的实践与探索 [J]. 社会科学（全文版），2017（1）：66～69.

[144] 宇娜娜. 稀土氧化物用于催化还原脱除 NO 的实验研究 [D]. 大连：大连理工大学，2012.

[145] 史萌. 双分级再还原低氧化氮技术应用基础研究 [D]. 上海：同济大学，2007：1～108.

[146] Zhou H, Ma W, Zhao K, et al. Experimental investigation on the flow characteristics of rice husk in a fuel-rich/lean burner [J]. Fuel, 2016, 164: 1～10.

[147] He L, Zhang Z, Lu L, et al. Rapid identification and quantitative analysis of the chemical constituents in Scutellaria indica, L. by UHPLC-QTOF-MS and UHPLC-MS/MS [J]. Journal of Pharmaceutical & Biomedical Analysis, 2015, 117 (3): 125～139.

[148] Sánchez E Q, Dubernet M L. Theoretical study of HCN-water interaction: Five dimensional potential energy surfaces [J]. Physical Chemistry Chemical Physics, 2017.

[149] Buev E M, Moshkin V S, Sosnovskikh V Y. (3 + 2) Cycloaddition of N-methylazomethine ylide obtained from sarcosine and formaldehyde to CH-and NH-acidic enones and enamides [J]. Chemistry of Heterocyclic Compounds, 2017: 1～6.

[150] Anthony Midey, Itzhak Dotan, Lee S, et al. Kinetics for the Reactions of O-and O_2-with O_2 (a1Δg) Measured in a Selected Ion Flow Tube at 300 K [J]. Journal of Physical Chemistry A, 2007, 111 (24): 5218～5222.

[151] 游卓. 富氧燃烧过程中的 NO_x 控制及其系统效率研究 [D]. 杭州：浙江大学, 2013.

[152] 蒋原野, 徐正阳, 傅尧. 自由基环合反应中链结构的影响 [J]. 中国科技论文在线, 2016, 9 (13): 1314～1321.

[153] 徐艳. 广东典型生物质燃烧及烟气排放特性研究 [D]. 广州：华南理工大学, 2012.

[154] 中国环境科学研究院. 火电厂大气污染物排放标准：GB 13223—2011 [M]. 北京：中国环境科学出版社, 2012.

[155] 王占山. 燃煤火电厂和工业锅炉及机动车大气污染物排放标准实施效果的数值模拟研究 [D]. 北京：中国环境科学研究院, 2013.

[156] 沈峰. 电厂烟气脱硝技术 [J]. 资源节约与环保, 2016 (8): 190～191.

[157] 周秀雷. 燃煤锅炉降低 NO_x 燃烧和排放控制技术研究 [J]. 科技风, 2016 (23).

[158] 刘永江, 高正平, 韩义, 等. 燃煤机组低 NO_x 燃烧技术现状与发展前景 [J]. 内蒙古电力技术, 2011, 29 (5): 94～97.

[159] 于英利, 于洪涛, 刘永江, 等. 大型电站锅炉低氮燃烧技术改造方案的选择 [J]. 电站系统工程, 2014, 1: 36～38.

[160] 旷金国, 林正春, 范卫东. 空气分级燃烧中灰含量对烟煤 NO_x 排放特性的影响 [J]. 燃烧科学与技术, 2010, 16 (6): 553～559.

[161] 朱文尚, 颜碧兰, 王俊杰, 等. 富氧燃烧技术及在水泥生产中的研究利用现状 [J]. 材料导报, 2014, s1: 336～338.

[162] 史建勇. 燃煤电站烟气脱硫脱硝技术成本效益分析 [D]. 杭州：浙江大学, 2015.

[163] 兰健, 吕田, 金永星. 烟气再循环技术研究现状及发展趋势 [J]. 节能, 2015 (10): 4～9.

[164] 刘建红. 温度对 NO_x 生成影响的数值模拟 [J]. 长春工程学院学报（自然科学版）, 2012, 13 (1): 57～60.

[165] 陈辉, 马晓斌, 陈连军, 等. 超临界 660MW 机组 W 型火焰锅炉设计特点及其运行特性分析 [J]. 热力发电, 2013, 42 (7).

[166] 王海涛．低氮燃烧技术在煤粉锅炉上的应用分析［J］．广东科技，2013，22（14）：191.

[167] 谭灿燊．700MW 切圆锅炉混煤燃烧过程的数值模拟［D］．重庆：重庆大学，2006.

[168] 张明慧，马强，徐超群，等．臭氧氧化结合湿法喷淋对玻璃窑炉烟气同时脱硫脱硝实验研究［J］．燃料化学学报，2015，43（1）：88～93.

[169] 张慧明．电子束辐照法净化烟气［J］．国外环境科学技术，1988（4）：10～13.

[170] 马涛，王睿．NO_x 的催化分解研究［J］．化学进展，2008，20（6）：798～810.

[171] 晏敏，赵凯，朱跃．燃煤电厂运行中脱硝催化剂的性能检测评价与分析［J］．中国电力，2016，49（7）：168～172.

[172] 张洁，马骏彪，胡永峰，等．选择性催化还原法烟气脱硝关键技术分析［J］，华电技术，2010，32（12）：71～74.

[173] 李洁，范小帅．选择性催化还原法脱硝中氨气控制系统分析和改进［J］．制造业自动化，2015（1）：68～70.

[174] 刘亭，王廷春，吴瑞青，等．低温 NH_3-SCR 脱硝催化剂研究进展［J］．安全与环境学报，2012，19（6）：42～44.

[175] 邢书才．环境监测及相关实验室二次污染水环境的有效控制［J］．中国环境监测，2016，32（3）：31～42.

[176] 杜雅丽．选择性催化还原法脱硝控制系统论述［J］．山西电力，2009（s1）：121～125.

[177] 韩慧芳．稀土氧化物催化剂的应用［J］．精细石油化工进展，2003，4（2）：18～22.

[178] 杨龙龙．稀土 La、Ce 与陶瓷的润湿性及界面结构［D］．长春：吉林大学，2012.

[179] 陈健，吴楠．世界稀土资源现状分析与我国稀土资源可持续发展对策［J］．农业现代化研究，2012，33（1）：74～77.

[180] 黄小卫，李红卫，薛向欣，等．我国稀土湿法冶金发展状况及研究进展［J］．中国稀土学报，2006，24（2）：129～133.

[181] 黄小卫，庄卫东，李红卫，等．稀土功能材料研究开发现状和发展趋势［J］．稀有金属，2004，28（4）：711～715.

[182] 孔娴鹏．Cu-Mn-Ce 催化剂的制备及其催化燃烧 VOCs 的性能研究［D］．杭州：浙江工业大学，2014.

[183] Thirupathi B, Smirniotis P G. Co-doping a metal (Cr, Fe, Co, Ni, Cu, Zn, Ce, and Zr) on Mn/TiO_2 catalyst and its effect on the selective reduction of NO with NH_3 at low-temperatures ［J］. Applied Catalysis B: Environ-mental, 2011, 110: 195～206.

[184] 肖益林，黄建，刘磊，等．金红石：重要的地球化学"信息库"［J］．岩石学报，2011，27（2）：398～416.

[185] Long R Q, Yang R T. Reaction Mechanism of Selective Catalytic Reduction of NO with NH_3, over Fe-ZSM-5 Catalyst ［J］. Journal of Catalysis, 2002, 207（2）：224～231.

[186] 刘建党．孔径可控纳米多孔玻璃粉生物芯片载体材料的研究［D］．武汉：武汉理工大学，2005.

[187] 李月琴，吴基球. 多孔陶瓷的制备、应用及发展前景 [J]. 陶瓷工程，2000，27（6）：
44 ~47.

[188] 韩亚苓，李伟，张金，等. 有机泡沫浸渍法制备多孔陶瓷 [J]. 沈阳工业大学学报，
2008，30（1）：64 ~68.